A mi Mujer Por Todo su Apoyo en el Trabajo

AF826996

copyright @ 2023 Ernesto Rodriguez Arias

Reservados todos los derechos

Ninguna parte de este libro puede reproducirse, almacenarse en un sistema de recuperación o transmitirse de ninguna forma o por ningún medio, ya sea electrónico, mecánico, fotocopiado, grabado o de otro modo, sin el permiso expreso por escrito del editor.

ISBN-10 : 1505866413

ISBN-13 : 978-1505866414

Introducción del Autor

Debido al éxito de mis artículos en la página https://www.areatecnologia.com sobre electrónica, muchas personas me recomendaron y me animaron a recopilar la información para escribir un manual de electrónica.

Aquí lo tenéis.

No pretende ser un libro para ingenieros, ni mucho menos.

Mi intención es que todo el mundo pueda entender los principios básicos de la electrónica y después poder seguir aprendiendo de forma autodidacta.

Espero que este libro os sirva de ayuda y motivación para iniciarse en el mundo de la electrónica que a veces parece demasiado complicado, pero que realmente no lo es.

Estudiaremos componentes paso a paso con la finalidad de que el lector pueda llegar a entender la última parte del libro, donde se explica una electrónica un poco más complicada.

Ánimo y Gracias por Comprar el libro.

Te agradezco de antemano que no compartas este libro, el precio es muy económico y yo como su autor te lo agradezco porque así podré seguir trabajando.

ÍNDICE DE CONTENIDOS

MAGNITUDES

Es muy importante que antes de empezar a conocer los circuitos y componentes electrónicos tengamos claro las magnitudes eléctricas elementales y sus unidades.

Es por eso que empezaremos este libro con un estudio sencillo de las principales magnitudes eléctricas como la carga, la d.d.p., la tensión, Intensidad, Resistencia, Potencia y Energía.

Carga Eléctrica y Corriente

La carga eléctrica es una propiedad de algunas partículas que hace que se atraigan o repelan entre ellas gracias a esta propiedad.

Hay cargas eléctricas positivas y negativas.

Las cargas iguales se repelen y las cargas opuestas se atraen.

Todos los átomos que forman los cuerpos están formados por una partículas llamadas **protones**, que poseen carga eléctrica positiva, neutrones sin carga eléctrica y los **electrones** que tienen una carga negativa.

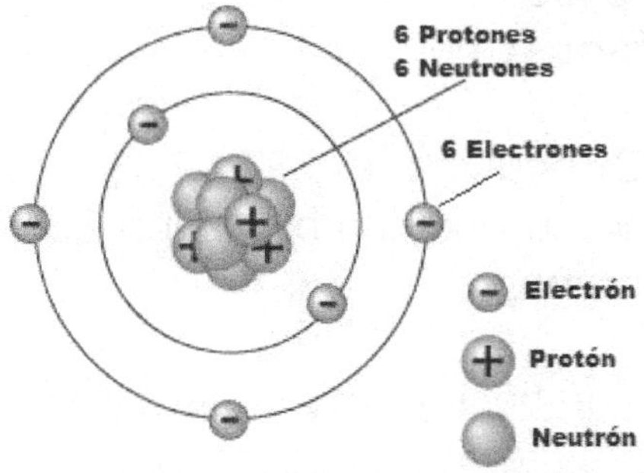

Esquema Elemental de un Átomo

En su estado normal, **los átomos de un cuerpo son eléctricamente neutros**, es decir, la carga negativa de sus electrones se anula con la carga positiva de sus protones.

Pero podemos cargar un cuerpo con carga positiva (potencial positivo) si le robamos electrones a sus átomos.

Si le robo un electrón y antes era neutro, quiere decir que ahora **tendrá carga positiva**, ya que tiene más protones que electrones.

Si ahora **le añado un electrón**, entonces **tendrá carga negativa**.

En lugar de carga positiva y carga negativa también se puede decir **potencial positivo y potencial negativo**.

De esta forma, añadiendo o robando electrones podemos dotar de carga eléctrica a los cuerpos.

Cuantos más electrones le añadimos o le robamos, más carga eléctrica tendrá el cuerpo.

En electricidad y electrónica **se define la carga eléctrica** como **la cantidad de electricidad almacenada en un cuerpo**.

La carga que posee un cuerpo **se mide en** una unidad llamada **culombios (C)**.

Un coulomb (1C) equivale a 6,241 509 629 152 650×1018 protones y menos un coulomb (-1C) a 6,241 509 629 152 650×1018 electrones.

Pero esto último no tiene demasiada importancia.

La Corriente Eléctrica

Imagina que tenemos un cuerpo con potencial negativo y otro con potencial positivo, entre estos dos cuerpos tenemos una diferencia de potencial, de forma abreviada, d.d.p.

Se define un material como conductor cuando por el que pueden pasar fácilmente los electrones.

Si conectamos los dos cuerpos con un conductor los electrones del cuerpo con potencial negativo pasarán por el conductor al cuerpo con potencial positivo. porque los cuerpos siempre que puedan tienden a estar en estado natural, es decir neutros.

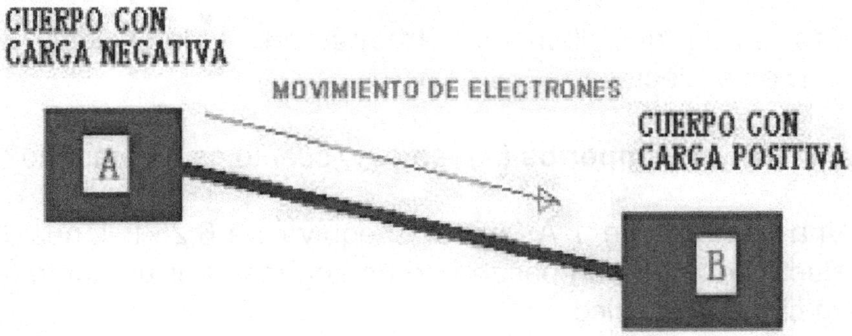

Al pasar los electrones del cuerpo que le sobran al que le faltan consiguen quedarse neutros o con menos carga de la que tenían.

Pero lo importante de este suceso, es que acabamos de **generar corriente eléctrica**, ya que este **movimiento de electrones es lo que se llama corriente eléctrica**.

A la vista de lo sucedido, podemos decir que **es necesario una d.d.p entre dos puntos para que**, cuando los conectemos con un conductor, **se genera corriente eléctrica**.

Esta diferencia de carga o potencial de los dos cuerpos será la causante de que tengamos más o menos corriente por el conductor.

Si quisiéramos medir la corriente eléctrica, deberíamos medir la cantidad de electrones que pasan por un punto del circuito, por ejemplo, cada segundo.

Intensidad de Corriente

Es la cantidad de electrones que pasan por un punto en un segundo.

Eso es lo que llamamos **Intensidad**, o Intensidad de Corriente Eléctrica.

Se mide en Amperios (A), pero…¿cuánto es un amperio?

Una corriente de 1 A (amperio) equivale a 6,25 trillones de electrones que han pasado en un segundo por un punto de un circuito eléctrico.

¿Muchos verdad?

Podemos **medir la intensidad** en un circuito con un aparato llamado **amperímetro**.

Tensión y Voltaje

Antes hablamos de la diferencial de potencia o ddp, pues bien, esta diferencia de potencial entre dos puntos, causante de la corriente eléctrica, es lo que se llama en electricidad y electrónica "**Tensión**".

La tensión **es la diferencia de potencial entre dos puntos** y es la causa que hace que se genere corriente por un circuito.

En un enchufe hay tensión (diferencia de potencial entre sus dos puntos) pero OJO no hay corriente.

Solo cuando conectemos el circuito exterior al enchufe empezará a circular corriente (electrones) por el circuito, pero no te olvides que eso es gracias a que había tensión.

Entre los dos polos de una pila hay tensión y al conectar la bombilla pasa corriente de un extremo a otro y la bombilla luce.

Si hay mayor tensión entre dos polos, habrá mayor cantidad de electrones y con más velocidad pasarán de un polo al otro, es decir **habrá mayor corriente por el circuito**.

La tensión se mide en Voltios.

Cuando la tensión es de 0V (cero voltios, no hay diferencia de potencial entre un polo y el otro) ya no hay posibilidad de corriente y si fuera una pila diremos que la pila se ha agotado.

El aparato de medida de la tensión es **el voltímetro**.

Pero…¿Quién hace que se mantenga una tensión entre dos puntos?

Pues **los Generadores**, que son los aparatos que mantienen la d.d.p o tensión entre dos puntos para que al conectar el circuito se genere corriente.

Estos generadores pueden ser dinamos, alternadores, pilas, baterías y acumuladores.

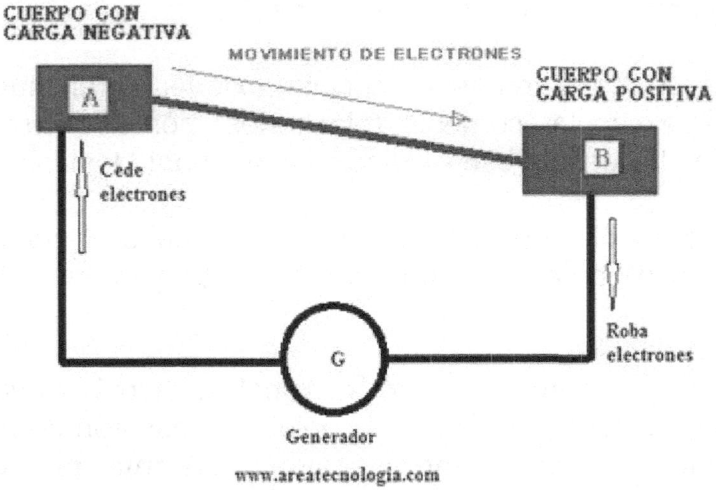

Resistencia Eléctrica

Cuando los electrones en su movimiento se encuentran con un receptor (por ejemplo una lámpara) no lo tienen fácil para pasar por él, es decir, les ofrece una resistencia.

Los electrones se mueven muy a gusto sin apenas dificultad por los conductores, pero esto no les ocurre cuando llegan a un receptor y tienen que pasar por él.

Por eso necesitamos definir una nueva magnitud, la resistencia eléctrica.

Se llama **resistencia a la dificultad que se ofrece al paso de la corriente**.

Todos los elementos de un circuito tienen resistencia, excepto los conductores que se considera casi cero.

La resistencia se mide en Ohmios (Ω), se representa con la letra **R** y su aparato de medida es el **ohmímetro**.

Normalmente tanto **la intensidad, como la tensión y la resistencia suelen medirse con** un aparato que se llama **multímetro, polímetro o tester**, del que luego hablaremos más detalladamente.

Potencia Eléctrica

Hay varias definiciones de la potencia eléctrica, pero la mayoría de ellas no dejan claro a los estudiantes lo que es realmente.

A mi particularmente me gusta una definición que no es muy ortodoxa pero que hace que los estudiantes comprendan la magnitud.

La potencia eléctrica la podemos definir como la cantidad de.......

¿Por qué no acabamos la frase?

Pues porque la potencia depende del tipo de receptor que estemos hablando.

Por ejemplo, de una Lámpara o Bombilla sería la cantidad de luz que emite, en un timbre la cantidad de sonido, en un radiador la cantidad de calor y así sucesivamente.

Se mide en vatios (w) y se representa con la letra P.

Cuando comparamos una lámpara de 80w con una de 40w de potencia, lo que tenemos que tener claro es que **la lámpara de 80w dará el doble de luz que la de 40w**.

Por cierto, su fórmula es P= V x I

Midiendo la tensión en Voltios, la intensidad en Amperios, el resultado de la fórmula serán Vatios (w)

Energía Eléctrica

La energía eléctrica es la potencia por unidad de tiempo.

La potencia se tiene, pero la energía se consume.

Que la energía se consuma quiere decir que **a más tiempo conectado un receptor más energía consumirá**.

Pero la energía consumida por un receptor depende del tiempo y de la potencia del receptor.

Un receptor que tiene mucha potencia consumirá más energía que uno que tenga poca potencia, siempre que estén conectados los dos la misma cantidad de tiempo..

Como vemos la energía depende de dos cosas, la potencia del receptor y del tiempo que esté conectado.

Su fórmula es:

E = P x t (potencia por tiempo)

Su unidad es el w x h (vatio por hora) pero suele usarse un múltiplo que es el **Kw x h** (Kilovatios por hora)

Si en la fórmula anterior ponemos la potencia en Kw y el tiempo en horas ya obtendremos la energía en Kw x h.

En la página siguiente tienes una tabla con un resúmen de las magnitudes estudiadas, pero ahora hagamos un pequeño ejercicio.

Calcula la potencia eléctrica de una bombilla alimentada a un voltaje de 220 voltios y por el que pasa una intensidad de corriente de 2 amperios.

Calcula la energía eléctrica consumida por la bombilla si ha estado encendida durante 1 hora.

$P = V \times I$; $P = 220 \times 2 = 440$ w = 0,44 kw
$E = P \times t$; $E = 0{,}44 \times 1 = 0{,}44$ kwh

Si ahora dejamos la bombilla encendida durante 5 horas.

¿Qué energía habrá consumido?

$E = 0{,}44 \times 5 = 2{,}2$ w

Acaba las frases:

- La intensidad se mide en ....
- La tensión se mide en....
- La resistencia se mide en....
- El aparato de medida con el que podemos medir la intensidad, la resistencia y la tensión se llama ....
- Para poder tener una corriente eléctrica por un circuito es necesario que tengamos entre 2 puntos del circuito una.....
- Al movimiento o desplazamiento de electrones se le llama....

MAGNITUD	SIMBOLO	UNIDAD	SIMBOLO	FÓRMULA
CARGA	**C**	CULOMBIO	**C**	
TENSIÓN	**V**	VOLTIOS	**V**	**V = I x R**
INTENSIDAD	**I**	AMPERIOS	**A**	**I = V/R**
RESISTENCIA	**R**	OHMIOS	**Ω**	**R = V/I**
POTENCIA	**P**	VATIOS	**W**	**P = V x I**
ENERGÍA	**E**	VATIO POR HORA	**w x h**	**E = P x t**

LEY DE OHM

Esta ley es la ley fundamental de la electricidad y dice:

"La intensidad de la corriente eléctrica que circula por un conductor eléctrico es directamente proporcional a la diferencia de potencial aplicada e inversamente proporcional a la resistencia del mismo"

Se puede expresar matemáticamente mediante la siguiente fórmula o ecuación:

$$I = V / R$$

Siendo:

I = Intensidad en amperios (A)
V = Diferencia de potencial en voltios (V)
R = Resistencia en ohmios (Ω).

Como ves la intensidad es igual a la tensión dividida entre la resistencia.

Lógicamente podemos despejar V o R quedando la fórmula:

$$V = I \times R$$

$$R = V / I$$

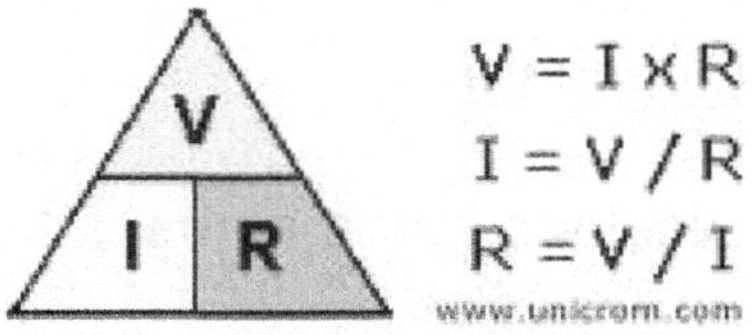

Triángulo de la Ley de Ohm

Aunque a mi no me gusta, muchos alumnos utilizan el llamado triángulo de la ley de ohm:

Imagina un circuito con una lámpara o bombilla como el de la figura siguiente:

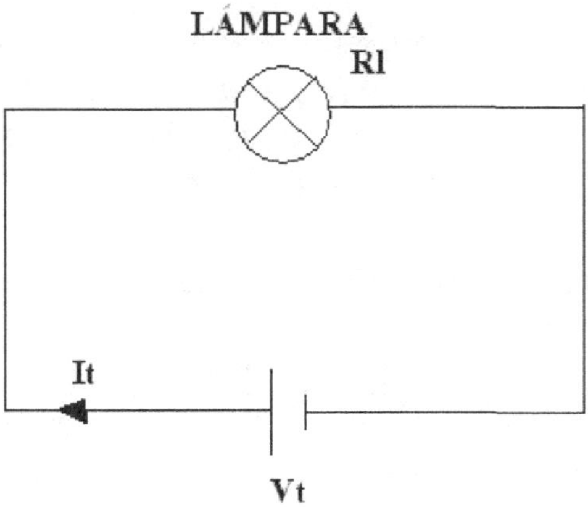

Del circuito tenemos:

Del circuito Total:

It= Intensidad total que recorre el circuito
Vt= Tensión total del circuito (pila)
Rt= Resistencia total a recorrer el circuito

Del receptor o la lámpara:

Il= Intensidad que recorre la lámpara
Vt= Tensión de la lámpara
Rt= Resistencia de la lámpara

Cuando tengamos calculado todos estos datos el problema estará resuelto.

Lógicamente alguno de estos datos nos los sabremos, como veremos en los ejemplos siguientes.

Primer caso: Nos dan la Resistencia de la lámpara y la Intensidad total del circuito. R1 = 10Ω It = 2 A;

Para calcular la tensión será:

V = I x R = 2 x 10 = 20 V (20 voltios).

Lo demás ya lo tenemos todo calculado.

Rl=Rt= 10 Ω It=il=2A

Segundo caso: Nos dan la resistencia de la lámpara y la tensión de la pila: Rl= 10 Ω Vt= 20V

Como ya sabemos Rl=Rt= 10 Ω y Vt=Vl= 20V

Aplicaremos la ley de ohm para calcular It=il

It= Vt/Rt

It= 20V/10 Ω= 2A

Ya tenemos todo calculado porque:

It=il= 2A Vt=Vl= 20V Rt=Rl=10 Ω

Tercer caso: Nos dan la tensión de la pila y la Intensidad total del circuito:

Vt= 20V It= 2A sabiendo que:

Vt=Vl= 20V y que it=il=2A aplicamos la ley de ohm:

Rl=Rt= Vt/it = 20v/2A = 10 Ω

Ya tenemos todo calculado porque:

It=il= 2A Vt=Vl= 20V Rt=Rl=10 Ω

Si queremos calcular la potencia total del circuito será la

misma que la que tenga la lámpara, ya que es el único receptor que tiene potencia en el circuito.

Lo que tendremos que hacer en todos los casos es calcular primero los datos que hicimos anteriormente, y con esos datos, calcular la potencia con la fórmula:

P= V X I ; Potencia es igual a Tensión por Intensidad.

Plámpara= Vl x il = 20v x 2A = 40 w (vatios)

Ptotal = Vt x it = 20v x 2A = 40 w

Ptotal = Plámpara

La potencia total del circuito es igual a la de la lámpara porque solo hay ese receptor que tiene potencia en el circuito.

CIRCUITOS EN SERIE Y EN PARALELO

Los circuitos eléctricos pueden conectarse de muchas maneras posibles, pero las conexiones más simples y más utilizadas son la conexión en serie y la conexión en paralelo.

Circuitos en Serie

Las características de los circuitos en serie son:

- Los elementos están conectados como los eslabones de una cadena (el final de uno con el principio del otro).

La salida de uno a la entrada del siguiente y así sucesivamente uno tras otro hasta cerrar el circuito.

Veamos una bombilla y un timbre conectados en serie en la siguiente imagen:

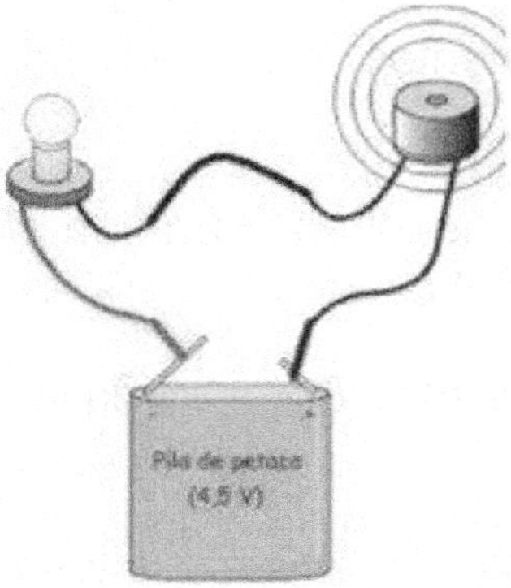

- Todos los elementos que se conectan en serie tienen la misma intensidad, o lo que es lo mismo, la misma intensidad recorre todos los elementos conectados en serie del circuito.

Fíjate que la intensidad que sale de la pila es la misma que atraviesa cada receptor.

It = I1 = I2 = I3 ......

- La tensión total de los elementos conectados en serie es la suma de cada una de las tensiones en cada elemento:

Vt = V1 + V2 + V3 ...

- La resistencia total de todos los receptores conectados en serie en la suma de la resistencia de cada receptor.

Rt = R1 + R2 + R3 .....

- Si un elemento de los conectados en serie deja de funcionar, los demás también.

Date cuenta que si por un elemento no circula corriente, al estar en serie con el resto por los demás tampoco, ya que por todos los elementos pasa la misma corriente o intensidad.

Cuando un elemento del circuito en serie deja de funcionar es como si se cortara el circuito.

Veamos cómo se resuelve un circuito en serie con 3 resistencias:

Lo primero será calcular la resistencia total.

Esta **resistencia total también se llama resistencia equivalente** porque podemos sustituir todas las resistencias de los receptores en serie por una sola del valor de esa resistencia total.

Fíjate en el circuito de la siguiente página:

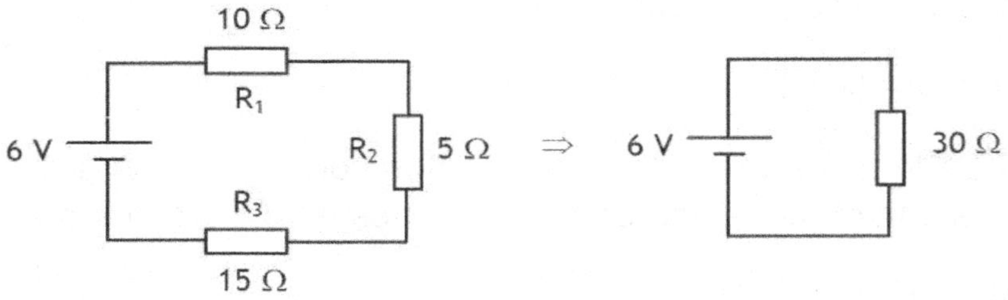

$$Rt = R1 + R2 + R3 = 10 + 5 + 15 = 30\Omega.$$

El circuito equivalente quedaría como el de la derecha con una sola resistencia de 30 ohmios.

Ahora podríamos calcular la intensidad total del circuito.

Según la ley de ohm: It = Vt/Rt = 6/30 = 0,2 A

Como todas las intensidades en serie son iguales:

$It = I1 = I2 = I3 = 0{,}2A$

Todas las intensidades valen 0,2 amperios.

Ahora solo nos queda aplicar la ley de ohm en cada receptor para calcular la tensión en cada uno de ellos:

$V1 = I1 \times R1 = 0{,}2\times 10 = 2V$

$V2 = I2 \times R2 = 0{,}2\times 5 = 1V$

$V3 = I3 \times R3 = 0{,}2\times 15 = 3V$

Ahora podríamos comprobar si efectivamente las suma de las tensiones es igual a la tensión total:

$Vt = V1 + V2 + V3 = 2 + 1 + 3 = 6\ V$

Como ves resulta que es cierto, la suma es igual a la tensión total de la pila 6 Voltios.

Recuerda: Para tener un circuito resuelto por completo es necesario que conozcas el valor de R, de I y de V del circuito total y la de cada uno de los receptores.

En este caso sería:

Vt, It y Rt

V1, I1 y R1

V2, I2 y R2

V3, I3 y R3

Ya tenemos todos los datos del circuito y por lo tanto…

¡Ya tenemos resuelto nuestro circuito en serie!

Puede que nos pidan calcular las potencias en el circuito.

Sabiendo que la fórmula la potencia es:

P = V x I

Tenemos que:

Pt = Vt x It = 6 x 0,2 = 1,2w
P1 = V1 x I1 = 2 x 0,2 = 0,4w
P2 = V2 x I2 =1 x 0,2 = 0,2w
P3 = V3 x I3 = 3 x 0,2 = 0,6w

Fíjate que en el caso de las potencias la suma de las potencias de cada receptor siempre es igual a la potencia total (en serie y en paralelo)

Pt = P1 + P2 + P3.

Si nos piden la energía consumida en un tiempo determinado solo tendremos que aplicar la fórmula de la energía:

E = P x t.

Por ejemplo, vamos a hacerlo por 2 horas.

Et = Pt x t = 1,2 x 2 = 2,4 wh (vatios por hora).

Si nos piden en Kwh (kilovatios por hora) antes de aplicar la fórmula tendremos que pasar los vatios de potencia a kilovatios dividiendo entre mil.

Pt = 0,0012 x 2 = 0,0024Kwh

También podríamos calcular las energía de cada receptor:

E1 = P1 x t ; E2 = P2 x t ....,

Pero eso ya lo dejamos para que lo hagas tú sólito.

Aquí tienes otros dos circuitos en serie resueltos:

Ojo que no te despiste la colocación de las resistencias en el segundo circuito, si te fijas están una a continuación de otra, por lo tanto están en serie.

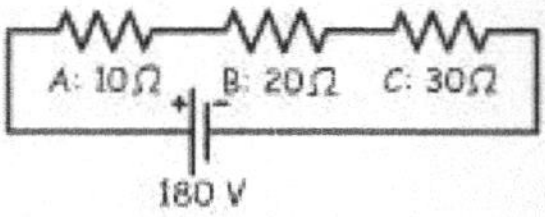

CIRCUITO SERIE

$R_S = R_A + R_B + R_C = 10+20+30 = 60\Omega$

$It = \frac{V}{R_S} = \frac{180}{60} = I_A = I_B = I_C = 3A$

$V_A = R_A \cdot It = 10 \cdot 3 = 30V$

$V_B = R_B \cdot It = 20 \cdot 3 = 60V$

$V_C = R_C \cdot It = 30 \cdot 3 = 90V$

CIRCUITO SERIE

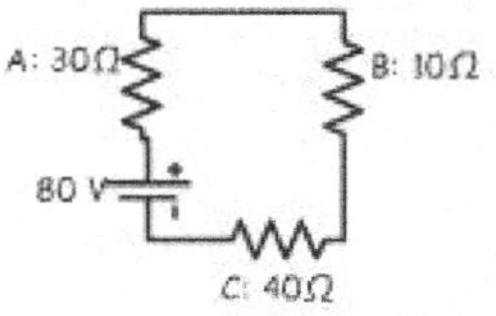

$R_S = R_A + R_B + R_E = 30+10+40 = 80\Omega$

$It = \frac{V}{R_S} = \frac{80}{80} = I_A = I_B = I_C = 1A$

$V_A = R_A \cdot It = 30 \cdot 1 = 30V$

$V_B = R_B \cdot It = 10 \cdot 1 = 10V$

$V_C = R_C \cdot It = 40 \cdot 1 = 40V$

Circuitos en Paralelo

Las características de los circuitos en paralelo son:

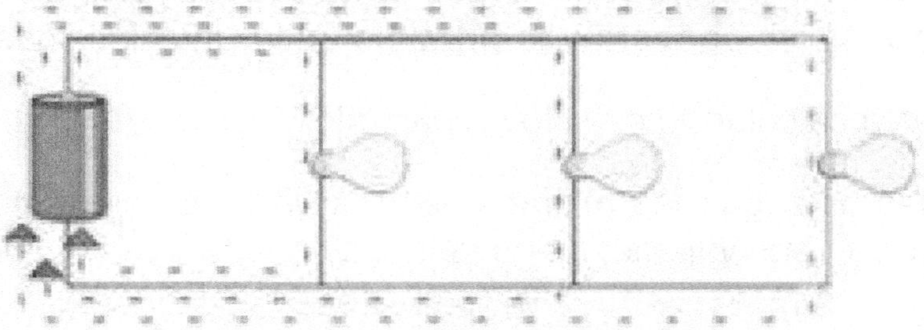

-Los elementos tienen conectadas sus entradas a un mismo punto del circuito y sus salidas a otro mismo punto del circuito pero diferente del primero.

-Todos los elementos o receptores conectados en paralelo están a la misma tensión, por eso:

Vt = V1 = V2 = V3 .....

-La suma de la intensidad que pasa por cada una de los receptores es la intensidad total:

It = I1 + I2 + I3 .....

OJO no te confundas, si te fijas, es **al revés que en serie**.

$$R_T = \frac{1}{\frac{1}{R_1} + \frac{1}{R_2} + \frac{1}{R_3} + \cdots + \frac{1}{R_n}}$$

La resistencia total o equivalente de los receptores conectados en paralelo se calcula con la siguiente fórmula:

-Si un receptor deja de funcionar, los demás receptores siguen funcionando con normalidad.

Este es el principal motivo por lo que la mayoría de los receptores se conectan en paralelo en las instalaciones.

Vamos a calcular un circuito en paralelo.

Podríamos seguir los mismos pasos que en serie, primero resistencia equivalente, luego la It, etc.

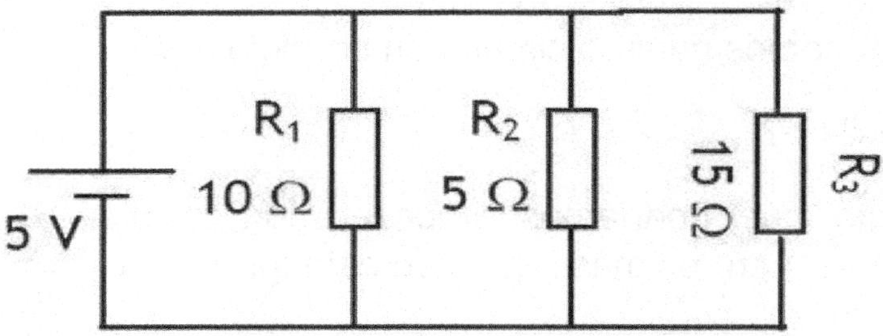

En este caso vamos a seguir otros pasos y nos evitaremos tener que utilizar la fórmula de la resistencia total.

Sabemos que todas las tensiones son iguales, por lo que:

Vt = V1 = V2 = V3 = 5V; todas valen 5 voltios.

Ahora calculamos la intensidad en cada receptor con la ley de ohm; I = V / R.

I1 = V1 / R1 = 5/10 = 0,5A

I2 = V2 / R2 = 5/5 = 1A

I3 = V3 / R3 = 5/15 = 0,33A

La intensidad total del circuito será la suma de todas las de los receptores.

It = I1 + I2 + I3 = 0,5 + 1 +0,33 = 1,83A

Fíjate que la I3 realmente es 0,333333333... por lo que cometeremos un pequeño error sumando solo 0,33, pero es tan pequeño que no pasa nada.

¿Nos falta algo para acabar de resolver el circuito?

Pues NO.

¡Ya tenemos nuestro circuito en paralelo resuelto!

¿Fácil no?

Repito que podríamos empezar por calcular Rt con la fórmula, pero es más rápido de esta forma.

Si quieres puedes probar de la otra manera y verás que te dará lo mismo.

Para calcular las potencias y las energías se hace de la misma forma que en serie.

A continuación te dejamos otro circuito en paralelo resuelto:

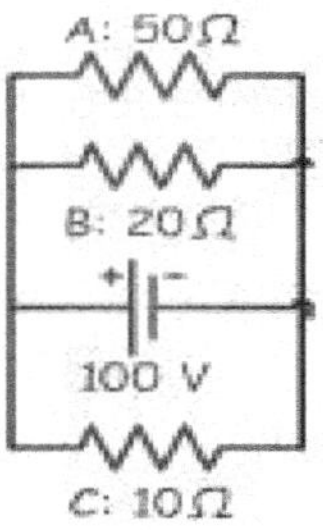

$$I_A = \frac{V}{R_A} = \frac{100}{50} = 2A$$

$$I_B = \frac{V}{R_B} = \frac{100}{20} = 5A$$

$$I_C = \frac{V}{R_C} = \frac{100}{10} = 10A$$

$$It = I_A + I_B + I_E = 17A$$

CIRCUITO PARALELO

EL POLÍMETRO

Ya sabemos las magnitudes, ahora es importante saber cómo se miden en un circuito.

Para eso utilizaremos el Polímetro, Multímetro o también llamado tester.

El polímetro o multímetro **es un aparato de medidas eléctricas**.

Con él se pueden medir magnitudes directamente como la tensión, la intensidad y la resistencia eléctrica.

Recuerda que la Intensidad se mide en Amperios (A), la Tensión en Voltios (V) y la Resistencia en Ohmios (Ω).

Todas ellas tienen múltiplos y submúltiplos, por ejemplo, los amperios también se pueden medir en miliamperios (mA).

Pero aprendamos a usar el polímetro.

Lo primero es saber las partes básicas de las que consta cualquier polímetro:

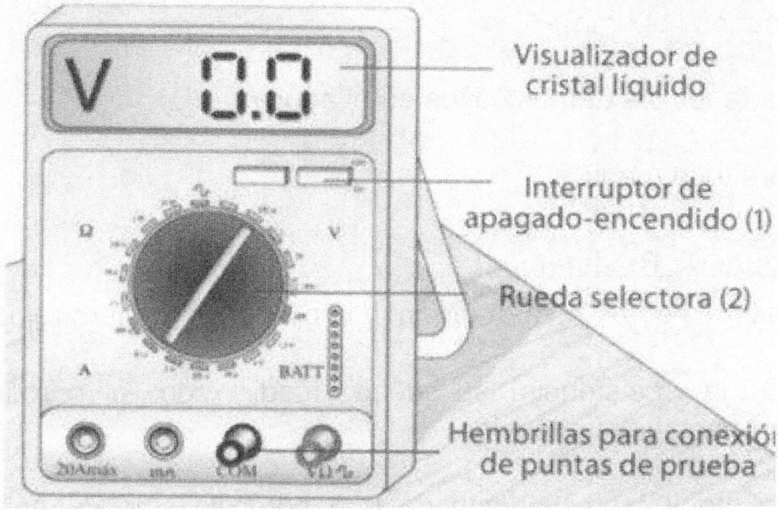

La rueda selectora deberá colocarse en el sitio que queramos medir, es decir, selecciona el campo de medida: **Amperios, miliamperios, voltios o milivoltios, ohmios**, etc.

Si se desconoce de qué orden es el valor de la magnitud a medir, se debe seleccionar la rueda de tal manera que el polímetro realice la lectura máxima, con lo que evitarás que se pueda estropear.

Si compruebas que la escala elegida es muy grande se va bajando de escala hasta que veas que es la apropiada.

Una vez hecho esto se colocan las pinzas con su cable en las hembrillas de conexión.

La negra siempre va en el agujero que pone COM (común) y **la Roja en el rojo**.

Si queremos medir intensidades en corriente alterna la roja se inserta en la de la izquierda donde pone 20Amáx (20 amperios máximo).

Para todos los demás casos en el agujero rojo.

Ahora toca medir.

Medida de Resistencias

Una pinza en el "com" (común) y la otra en el agujero rojo.

OJO la resistencia se debe medir con el circuito desconectado, sin tensión.

Para medir la resistencia de una bombilla solo debemos tocar en los extremos de la resistencia para que no salga el valor en la pantalla digital.

Fíjate en la imagen siguiente cómo se mide la resistencia de una lámpara o bombilla.

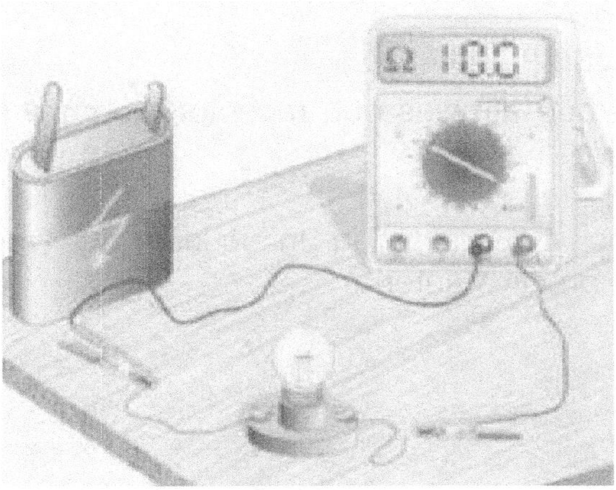

<u>Medida de Tensiones</u>

La tensión entre dos puntos de un circuito **siempre se debe medir en paralelo**.

Veamos cómo medimos la tensión de la bombilla en el circuito anterior:

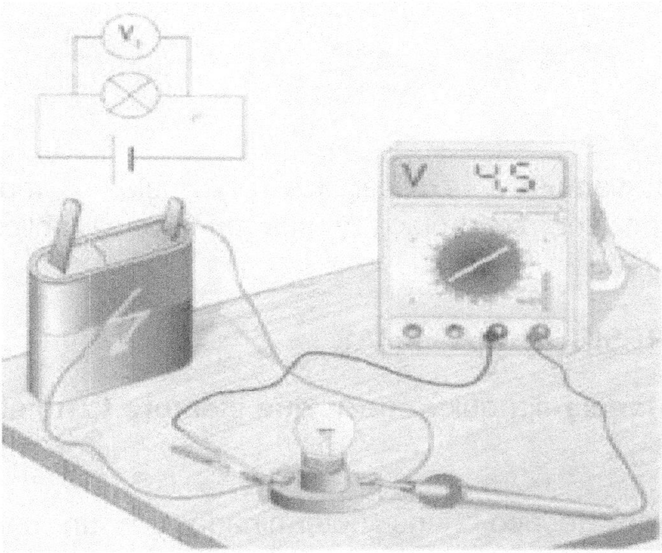

Medida de la Intensidad

La intensidad que atraviesa un receptor **siempre se debe medir en serie**.

Veamos cómo mediremos la intensidad que recorre la bombilla en la práctica anterior:

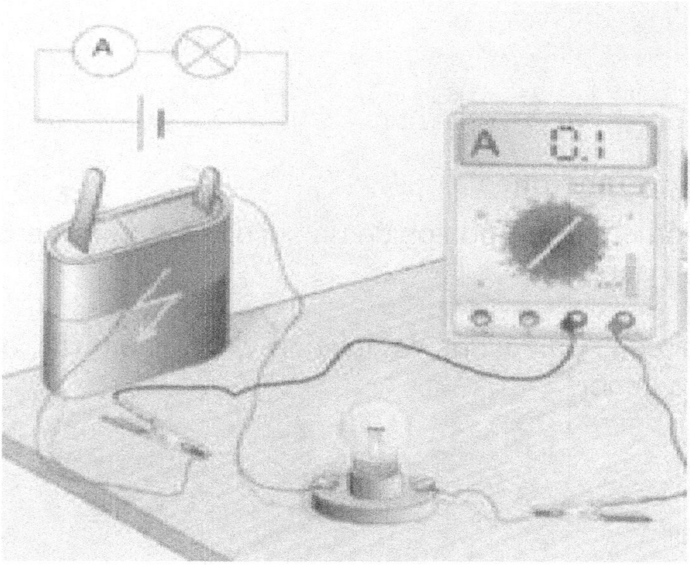

Ahora vamos a explicar los principales componentes utilizados en electrónica y sus principales aplicaciones, sobre todo en circuitos.

LAS RESISTENCIAS FIJAS

Resistencia fija quiere decir **que siempre tiene el mismo valor**.

Su valor teórico viene determinado por un código de colores, pero puede variar un poco del valor real.

Se usan **para limitar o impedir el paso de la corriente por una zona de un circuito**.

El símbolo utilizado para los circuitos puede ser de 2 formas diferentes:

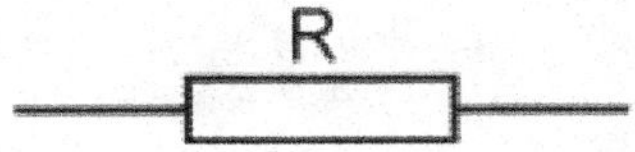

Y aquí tienes cómo son las resistencias en la realidad:

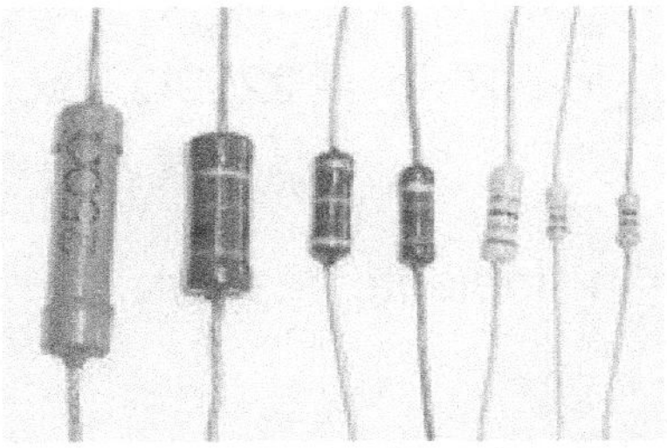

Como ves tienen unas barras de colores (código de colores) que sirven para definir el valor de la resistencia en ohmios (Ω).

El primer color indica el primer número del valor de la resistencia, el segundo color el segundo número, y el tercero el número de ceros a añadir.

Cada color tiene asignado un número.

Este código es el llamado **código de colores de las resistencias**.

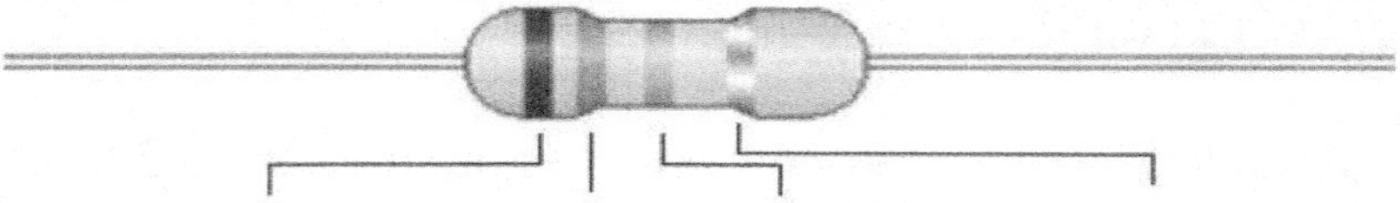

Color	1ra. Banda	2da. Banda	3ra. Banda Multiplicador	Tolerancia %
Negro	0	0	x1	
Cafe	1	1	x10	
Rojo	2	2	x100	2%
Naranja	3	3	x1000	
[illegible]	[illegible]	[illegible]	[illegible]	
Verde	5	5	x100000	
Azul	6	6	x1000000	
Violeta	7	7	x10000000	
Gris	8	8	x100000000	
Blanco	9	9	x1000000000	
				Dorado 5%
				Plata 10%

Circuitos Básicos

Por www.areatecnologia.com

Un ejemplo. Rojo-Rojo-Rojo = 2200Ω (se le añaden dos ceros).

Otro Ejemplo el de la siguiente imagen:

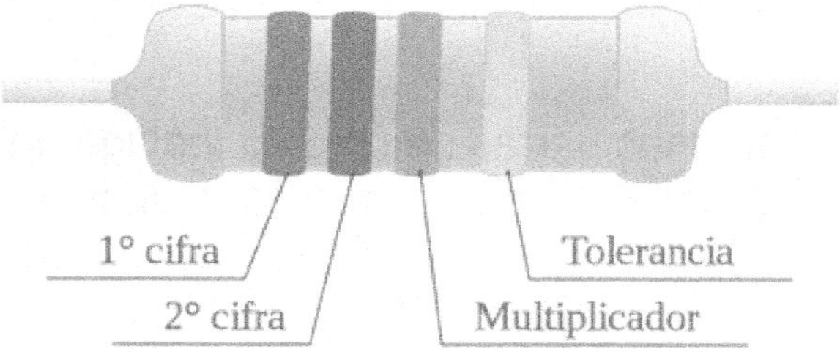

El primer color nos dice que tiene un valor de 2, el segundo de 7, es decir 27, y el tercer valor es por 100.000 (o añadirle 5 ceros).

La resistencia valdrá 2.700.000 ohmios. ¿Fácil no?.

POTENCIÓMETRO O RESISTENCIA VARIABLE

Son resistencias **variables mecánicamente**.

Los potenciómetros tienen 3 terminales.

La conexión de los terminales exteriores hace que funcione como una resistencia fija con un valor igual al máximo que puede alcanzar el potenciómetro.

El terminal del medio y el de un extremo hace que funcione como variable al hacer girar una pequeña ruleta.

Aquí vemos 2 tipos diferentes, pero que funcionan de la misma forma:

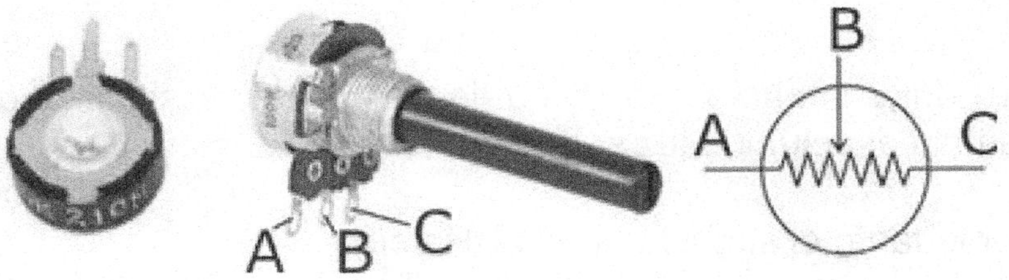

www.areatecnologia.com

Cualquier símbolo electrónico que tenga una flecha cruzándose significa que es variable.

En este caso una resistencia variable o potenciómetro sería:

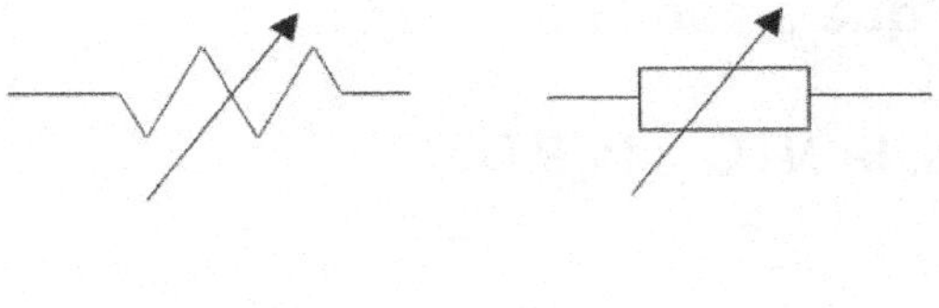

LA LDR O RESISTENCIA VARIABLE CON LA LUZ

Resistencia que **varía al variar sobre ella el nivel de luz**.

Normalmente **su resistencia disminuye al aumentar la luz sobre ella**.

Suelen ser utilizados como sensores de luz ambiental o como una fotocélula que activa un determinado proceso en ausencia o presencia de luz.

A continuación vemos como es una LDR real:

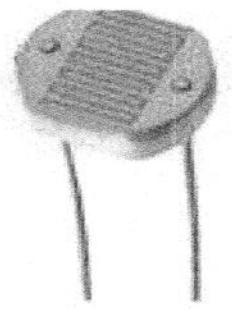

Cualquier símbolo que tenga flechas hacia él, significa que cambia al actuar la luz sobre él.

Por lo tanto el símbolo de la LDR será:

EL TERMISTOR

Son resistencias que **varían su valor en función de la temperatura que alcanzan**.

Hay dos tipos: **la NTC y la PTC**.

NTC : Aumenta el valor de su resistencia al disminuir la temperatura (N de negativo).

PTC: Aumenta el valor de su resistencia al aumentar la temperatura (P de positivo).

Una NTC o PTC real sería más o menos:

Los símbolos son:

EL DIODO

Un diodo es un componente electrónico que permite el paso de la corriente eléctrica en una sola dirección (polarización directa).

Cuando se polariza inversamente no pasa la corriente por él.

En la imagen de la página siguiente vemos un diodo y los sentidos de la polarización.

Fíjate que **un polo (patilla) se llama cátodo** (se identifica por la franja gris y es la patilla más corta) **y el otro ánodo**.

Si ponemos en el ánodo el positivo de la pila o circuito y en el cátodo al negativo, por el diodo pasará corriente, en caso contrario actúa como un interruptor abierto (no deja pasar la corriente).

En el diodo real **el cátodo viene indicado con una franja gris**.

Veamos la polarización directa e inversa del diodo y su símbolo:

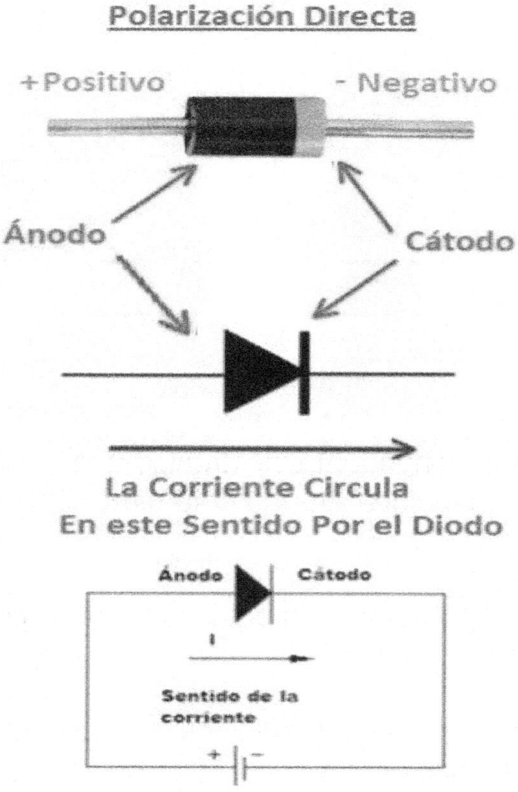

De ánodo al cátodo conduce.
De cátodo a ánodo no conduce.

Polarización Indirecta

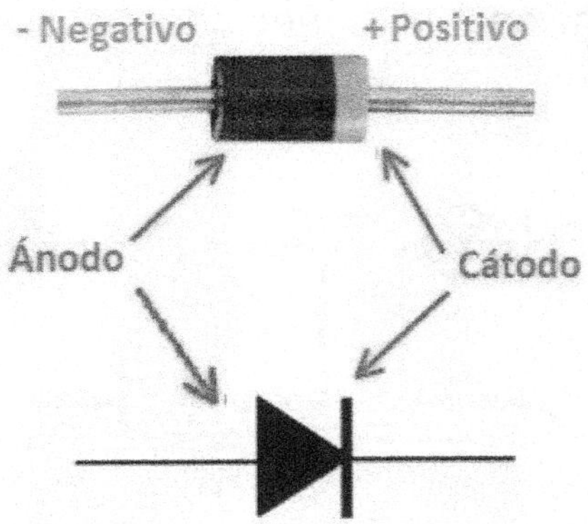

La corriente no circula por el diodo (se comporta como un interruptor abierto)

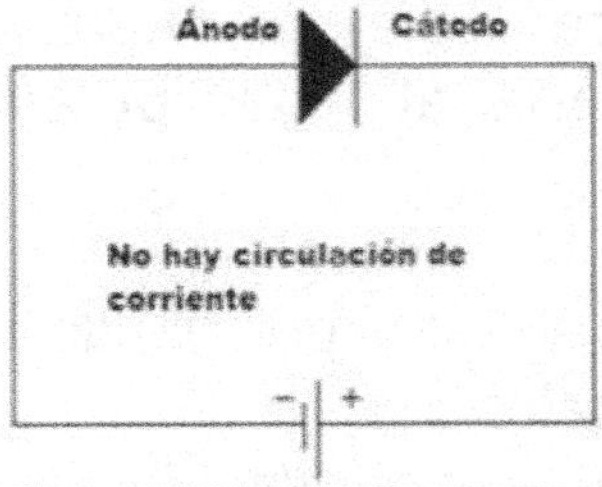

La pila está al Revés que en Directa

Podemos ver a continuación la curva de funcionamiento de un diodo semiconductor:

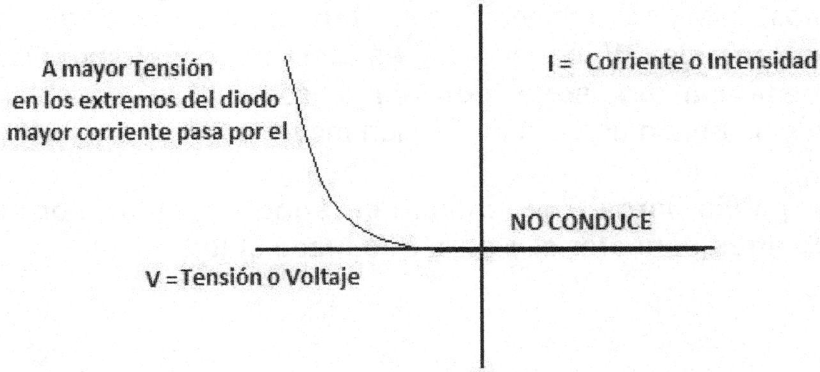

Como puedes observar solo conduce en un lado de la curva, cuando está polarizado directamente.

Veamos como funciona al conectarlo en serie con una lámpara.

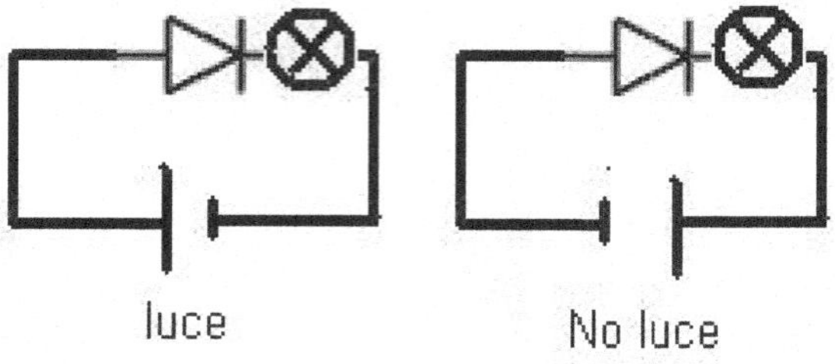

En el primer caso (izquierda) si en la pila la corriente va del polo positivo (barra larga) al negativo (barra corta) tenemos que **la lámpara, al estar polarizado el diodo directamente, lucirá**.

En el segundo caso, al estar polarizado inversamente el diodo, **la lámpara no lucirá**.

EL DIODO LED

Un Led o diodo Led es **un diodo que emite luz cuando se polariza directamente** (patilla larga al +).

Estos diodos funcionan con **tensiones cercanas o menores de 2V** por lo que **es necesario colocar una resistencia en serie con ellos** cuando se conectan directamente a una pila de tensión mayor a 2V.

La patilla larga nos indica el ánodo, patilla donde debemos conectar el + para que luzca el led.

Su símbolo para los circuitos es el siguiente:

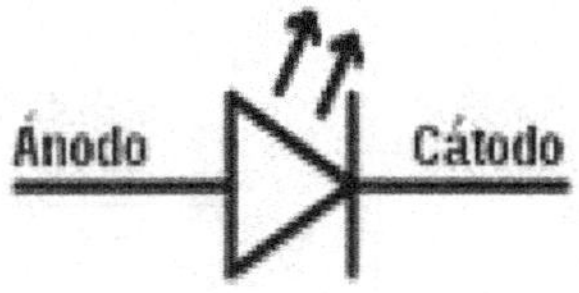

Led RGB

Los **led RGB** son diodos que tienen **3 semiconductores cada uno con un color diferente**.

Los colores son los primarios, que son **el rojo, el verde y el azul**.

Si controlamos esta mezcla de colores podemos obtener una gama inmensa de colores en los leds.

Para controlar los colores solo hace falta hacer pasar más o menos corriente por uno u otro semiconductor.

Por ejemplo si solo pasa corriente por el rojo y por el verde el color que obtenemos será el amarillo.

A continuación vemos el símbolo y la conexión de los led RGB.

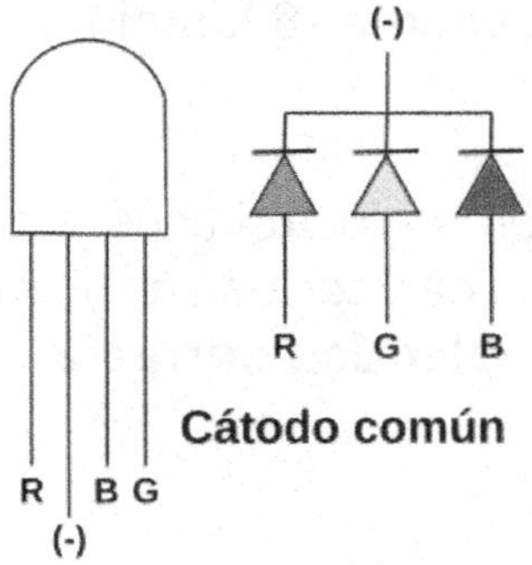

Ojo hay leds RGB de **cátodo o de ánodo común**, ya ves en la imagen la diferencia de conexión:

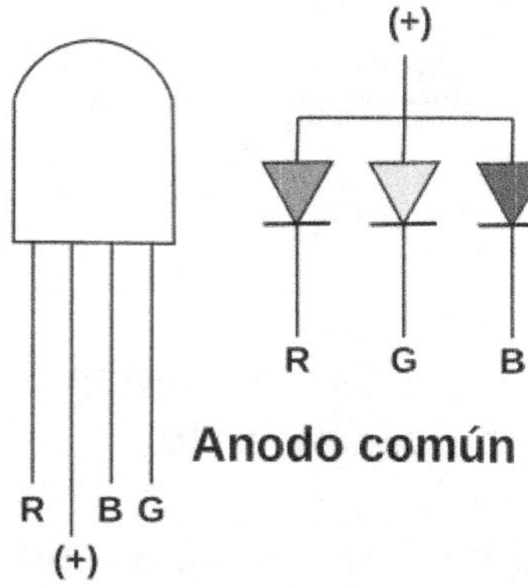

EL CONDENSADOR

Vamos a explicar el funcionamiento básico del condensador.

Más adelante profundizaremos más sobre este componente.

El condensador es un componente que **almacena una carga eléctrica para liberarla posteriormente**.

La cantidad de carga que almacena se mide en faradios (F).

Esta unidad es muy grande por lo que suele usarse el **microfaradio** (10 elevado a -6 faradios) o el picofaradio (10 elevado a -12 faradios).

OJO los condensadores electrolíticos están compuestos de una disolución química corrosiva y **siempre hay que conectarlos con la polaridad correcta**.

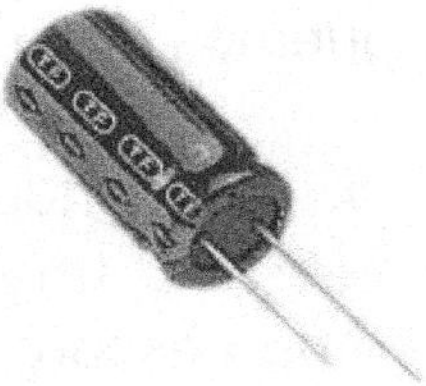

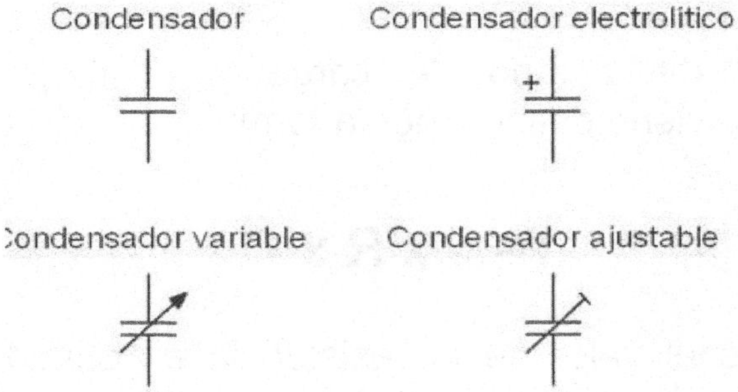

El positivo a la patilla que pone + en el símbolo.

Si no pone el + en el símbolo quiere decir que se puede conectar a donde quieras, es decir, no tiene polarización concreta.

En los electrolíticos hay una patilla que es más larga que la otra y, al igual que en los diodos, **es la que iría conectada al positivo**.

EL CONDENSADOR COMO TEMPORIZADOR

Los condensadores suelen utilizarse para temporizar, por ejemplo, el tiempo de encendido de una lámpara.

¿Cuánto tiempo estará encendida la lámpara?

Pues lógicamente el tiempo que dure la descarga del condensador sobre ella.

Una vez descargado se comporta como un interruptor abierto hasta que no lo carguemos de nuevo.

Normalmente **la descarga** del condensador sobre un receptor **se hace a través de una resistencia**, así podemos controlar el tiempo de descarga solo con cambiar el valor de la resistencia.

La fórmula del tiempo de carga y descarga de un condensador viene definido por la fórmula

T= 5 x R x C

Donde R es el valor de la resistencia en ohmios y C la capacidad del condensador en Faradios.

Veamos un ejemplo de un circuito con temporizador por condensador:

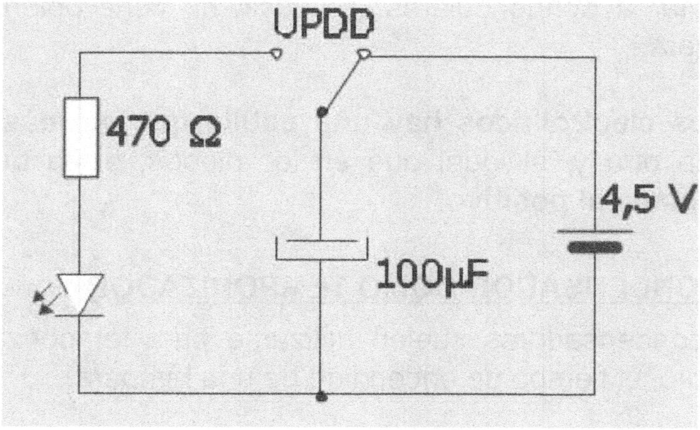

Este símbolo del condensador, que es diferente al anterior, también se usa para el electrolítico y la raya de arriba nos indica que es la que tiene que ir al positivo.

En el circuito cuando el conmutador está hacia la derecha el condensador se carga.

Al cambiarlo a la posición a la izquierda se descarga por la resistencia encendiendo el LED el tiempo que dura la descarga depende del valor de R y de C y se calcula según la fórmula:

t = 5 x R x C; Tiempo de carga de un condensador.

t = tiempo de carga.

R = resistencia de carga.

C = capacidad del condensador.

¿Qué pasaría si no colocamos la resistencia de carga R1?.

Según la fórmula al ser R1 = 0 , el condensador se cargará instantáneamente, pero no es así porque el propio condensador tiene una pequeña resistencia, que para los cálculos se considera despreciable frente a R1.

Es mejor poner también una resistencia para la carga del condensador:

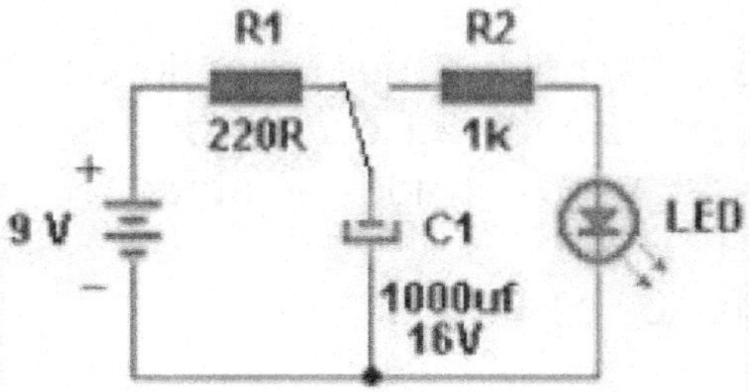

Más adelante aprenderemos más sobre el condensador.

EL RELÉ

Es un aparato eléctrico que funciona como **un interruptor**, abriendo y cerrando el paso de la corriente eléctrica, pero **accionado eléctricamente**.

El relé permite abrir o cerrar contactos mediante un electroimán, por eso también se llaman relés electromagnéticos o relevadores.

Fíjate en la siguiente imagen y vamos a explicar su funcionamiento.

Tiene dos circuitos diferenciados.

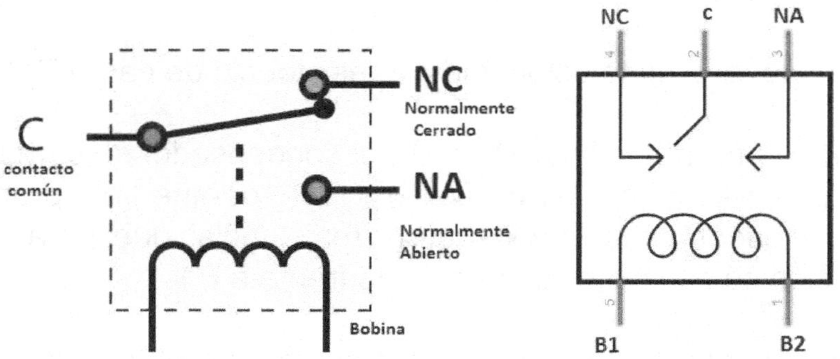

Al meter corriente por la bobina los contactos abiertos se cierran y los cerrados se abren.

Un circuito de una bobina que cuando es activada, por corriente eléctrica, cambia el estado de los contactos, los abiertos se cierran y los cerrados se abren.

Serían los contactos b1 Y b2

El relé de la figura tiene 2 contactos, uno abierto (NC) y otro cerrado (NO) aunque podría tener más.

Cuando metemos corriente por la bobina, esta crea un campo magnético convirtiéndose en un electroimán que atrae los contactos haciéndolos cambiar de posición.

El contacto que estaba abierto se cierra y el que estaba normalmente cerrado se abre.

El contacto que se mueve es el C (común) y es el que hace que cambien de posición los otros dos.

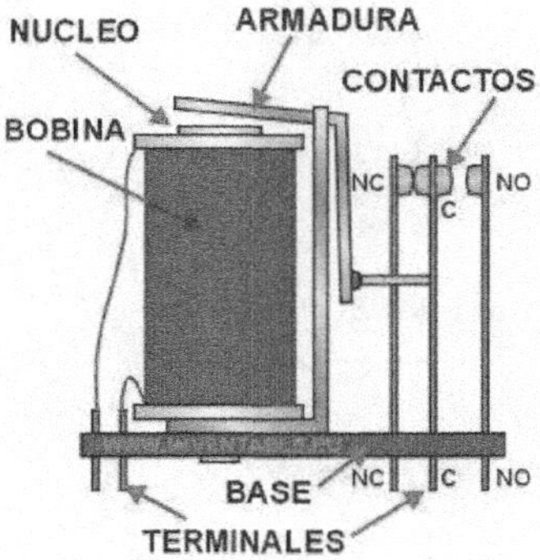

Relé Electromagnético

Como ves, habrá un circuito que activa la bobina, llamado de control, y otro que será el circuito que activa los elementos de salida a través de los contactos, llamado circuito secundario o de fuerza.

Los relés pueden tener 1, 2, 3 o casi los que queramos contactos de salida y estos pueden ser normalmente abiertos o normalmente cerrados (estado normal = estado sin corriente).

Los relés eléctricos son básicamente interruptores operados eléctricamente que vienen en muchas formas, tamaños y potencias diferentes adecuadas para todo tipo de aplicaciones.

También hay un tipo que se llaman **relés de potencia**, más grandes y utilizados para tensiones mayores o aplicaciones de conmutación de alta corriente.

En este caso, en lugar de llamarse relés suelen llamarse contactores

Ahora vas a ver el símbolo y un circuito de cómo se utilizará un relé:

Símbolo

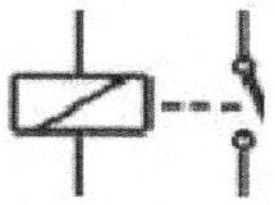

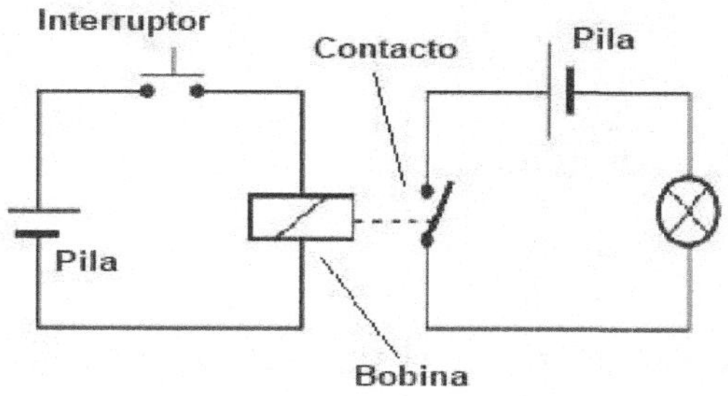

Fíjate que el relé activa un circuito de una lámpara desde otro circuito diferente.

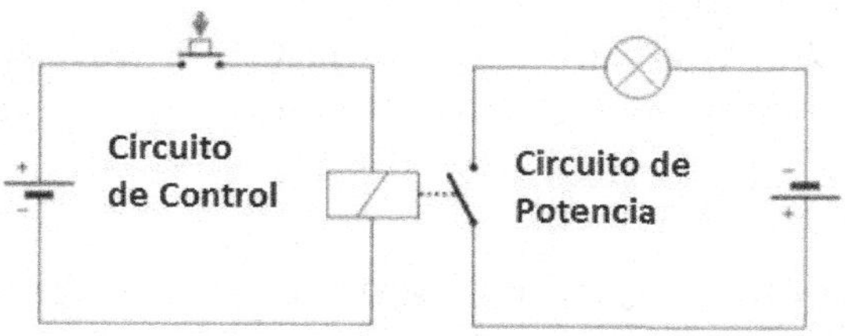

Esto es muy útil si el circuito de la lámpara trabaja a mucha tensión.

Podríamos activarlo desde un circuito externo al de la lámpara, el del relé, que trabajaría a mucha menos tensión, y por lo tanto mucho menos peligroso.

Otro Ejemplo.

Vamos hacer **un circuito para el retardo del encendido de una bombilla**, mediante un condensador y un relé

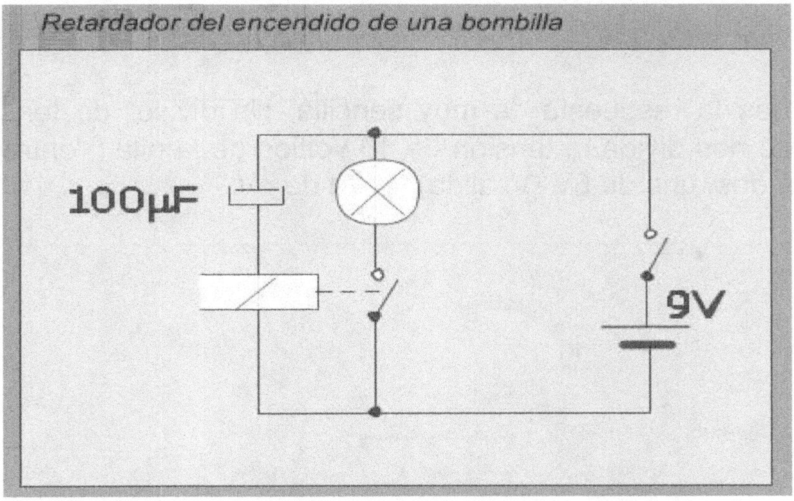

El condensador activa la bobina del relé cerrándose el contacto.

Cuando se descarga la bobina no recibe corriente y el contacto del relé se abre.

DIVISOR DE TENSIÓN

Un Divisor de Tensión o Divisor de Voltaje es un circuito que **divide la tensión de entrada en el circuito en otras dos diferentes** y más pequeñas **de salida**.

En electrónica y electricidad se usa para alimentar a un

aparato con una tensión más pequeña que la que proporcionan las pilas o baterías disponibles.

En definitiva sirve para **obtener una tensión más pequeña partiendo de una tensión mayor**.

Imagina que queremos alimentar una bombilla a 6V y solo disponemos de una pila de 10V.

¿Qué haremos?.

Pues la respuesta es muy sencilla: Un divisor de tensión que nos divida la tensión de 10 voltios de la pila (Ventrada) en dos, una de 6V (Vsalida) y otra de 4V.

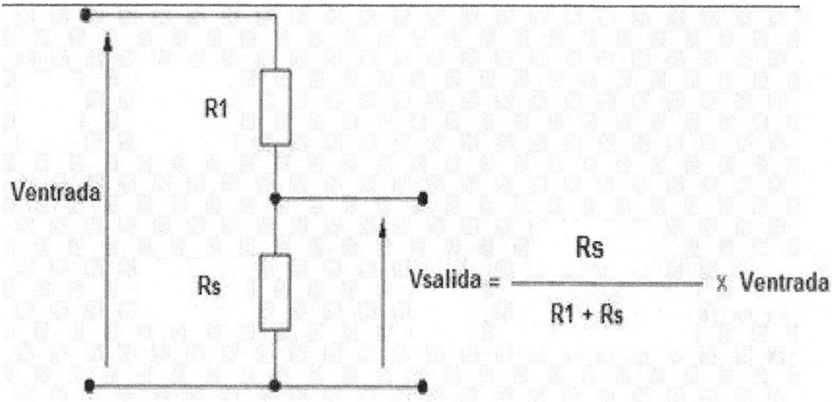

El circuito es muy sencillo, solo necesitamos 2 resistencias y conectarlas en serie como en el siguiente circuito:

Como ves tenemos una entrada con una Ve (tensión de entrada) y una salida en la Resistencia Rs.

La R1 se usa para dividir la tensión de entrada en 2 tensiones en la zona de salida.

Ventrada = V en R1 + V en Rs.

La fórmula general del divisor de tensión es:

FÓRMULA DEL DIVISOR DE TENSIÓN

$$Vs = Ve \times \frac{Rs}{(R1 + Rs)}$$

Sabiendo los valores de las resistencias podemos obtener directamente el valor de la tensión de salida.

Para obtener la fórmula es muy sencillo, solo tienes que hacer una simple regla de 3.

Cuando sacamos el circuito equivalente de las 2 resistencias en serie, tenemos que Rt es la suma de R1 + R2.

V1 + V2 = Vt

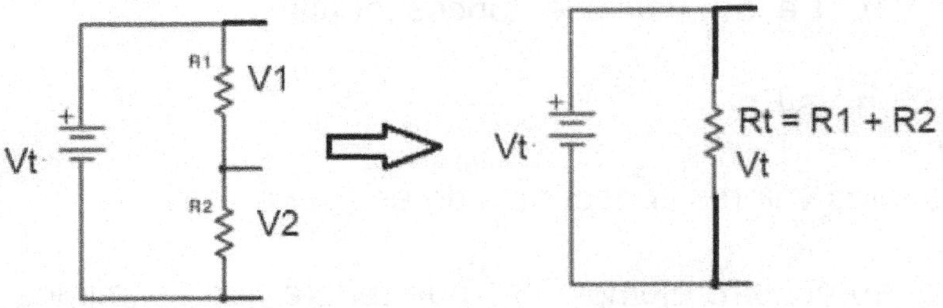

V2 = (Vt x R2) / (R1 + R2)

V1 = (Vt x R1) / (R1 + R2)

Si R1 + R2 ----> Vt

Regla de 3

En R1------------>V1

V1 = (Vt x R1) / R1 + R2

En esa Rt tenemos la tensión total, por lo que la tensión en una sola será la de la fórmula de la siguiente figura sacada de la regla de 3:

Si en R1 + R2 hay Vt

En R1 habrá V1; donde V1 será la incógnita de la regla de 3 y que tendremos que despejar.

Al margen de la fórmula general vista antes, una de las mejores formas de resolver estos circuitos es considerando que es un simple circuito de 2 resistencias en serie, donde se cumple:

Rt = R1 + Rs;

It = I1 = Is;

Ve = V1 + Vs;

Como sabemos que en serie la intensidad que circula por R1 será igual a la que circula por Rs tenemos:

I1 = V1/R1 e Is = Vs/Rs, entonces igualando:

V1/R1 = Vs/Rs

¿Cuántos valores conocemos de esa ecuación?

Pues en nuestro ejemplo, V1 que tendrá que asumir los 4V, Vs que tendrá que ser de 6V para conectar nuestra lámpara y Rs que será la resistencia de nuestro receptor a conectar a 6V, que mediremos de forma muy sencilla con el polímetro.

Tendremos que despejar el valor de R1 para construir correctamente nuestro divisor.

Imagina que medimos con el polímetro y tenemos Rs = 450Ω

4/R1 = 6/450

R1 = (V1 x Rs) / Vs = (4 x 450) /6 = 300Ω
Si ponemos una desasistencia de 300Ω en R1 podemos conectar nuestro receptor a 6V

¿Lo comprobamos?

Veamos como sería la Resistencia total: R1 + Rs = 300 + 450 = 750Ω

Veamos como sería la Intensidad Total

It = 10/750 = 0,0133333A

Recuerda este valor es igual a I1 = Is = It.

¿Cómo sería la tensión de salida en nuestro receptor?

Vs = Is x Rs = 0,0133333 x 450 = 6V

!!!Perfecto!!!

Ya tenemos nuestro divisor de tensión.

Una forma sencilla de construir **un divisor de tensión que nos valga para varias tensiones de salida** diferentes es simplemente poner un potenciómetro en donde colocamos la R1

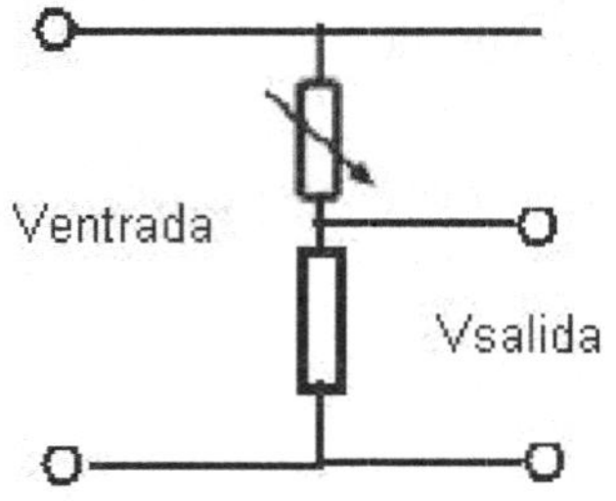

Fíjate que ahora solo cambiando el valor del potenciómetro cambiaremos la tensión de salida.

Aumentando o disminuyendo la resistencia del potenciómetro, aumentamos o disminuimos la tensión de salida.

En estos casos se suele llamar **divisor de tensión variable** o regulador de tensión.

Para acabar, decir que no es lo mismo el divisor de tensión en vacío que en carga:

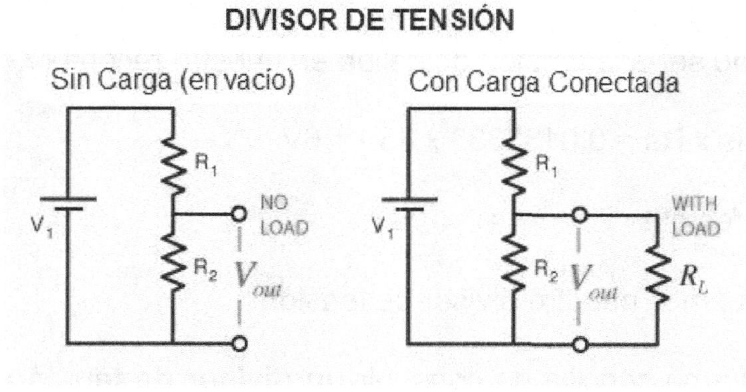

Pero no profundizaremos más en el divisor de tensión y sus cálculos.

EL TRANSISTOR

Es un componente electrónico que podemos considerarlo como **un interruptor o como un amplificador**.

Probablemente sea el componente más importante en electrónica.

Como un interruptor porque deja o no deja pasarla corriente, y **como amplificador** porque con una pequeña corriente (en la base) pasa una corriente mucho mayor (entre el emisor y el colector).

La forma de trabajar de un transistor puede ser de 3 formas distintas.

-**En activa**: deja pasar más o menos corriente.

-**En corte**: no deja pasar la corriente.

-**En saturación**: deja pasar toda la corriente.

Veamos un símil hidráulico (con agua).

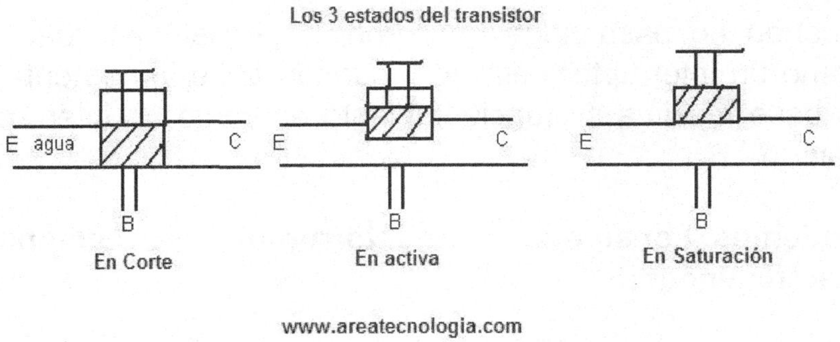

Vamos a ver cómo funciona comparándolo con una llave de agua siendo **el agua la corriente en la realidad y la llave el transistor**.

La llave es un muelle de cierre que se activa por la presión que actúa sobre él a través del agua de la tubería B.

-**Funcionamiento en corte**: si no hay presión en B (no pasa agua por su tubería) no se abre la válvula y no se produce un paso de fluido desde E (emisor) hacia C (colector).

-**Funcionamiento en activa**: si llega algo de presión a la base B, se abrirá la válvula en función de la presión que llegue pasando agua desde E hacia C.

-**Funcionamiento en saturación**: si llega suficiente presión por B se abre totalmente la válvula y todo el agua podrá pasar desde E hasta B (la máxima cantidad posible).

Como vemos en un transistor, con una pequeña corriente por la base B, conseguimos una circulación mucho mayor de corriente desde el emisor al colector (amplificador de corriente).

Cuando no pasa nada de corriente por la base funciona como un interruptor cerrado y cuando tiene la corriente de la base máxima su funcionamiento es como un interruptor abierto.

Podemos considerarlo un interruptor pero accionado eléctricamente.

El interruptor se abre, es decir pasa corriente entre el colector y el emisor, cuando se mete corriente a la base.

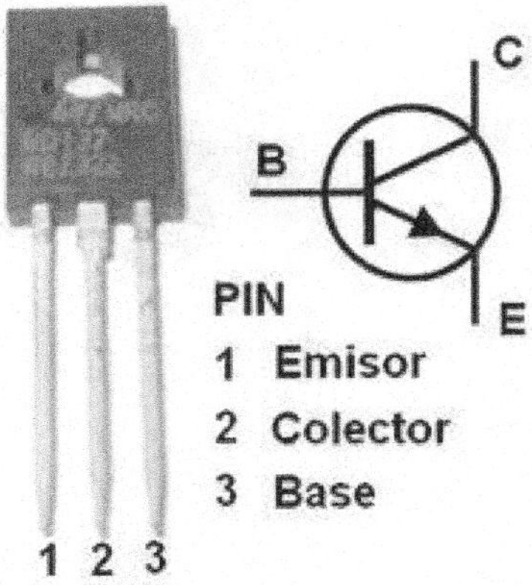

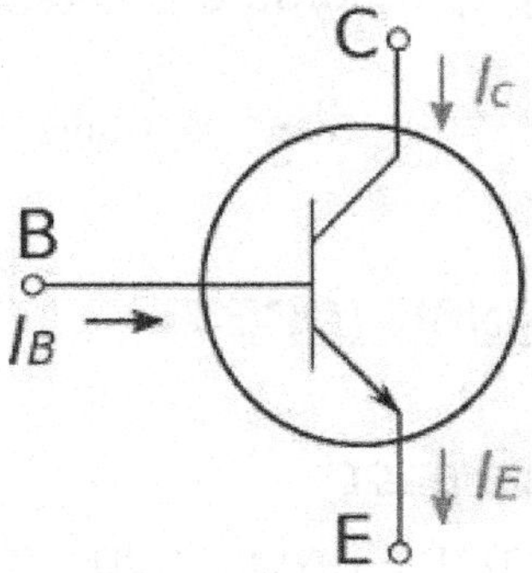

Hay una gama muy amplia de transistores por lo que antes de conectar deberemos identificar sus 3 patillas y saber si es PNP o NPN.

En los transistores NPN se debe conectar al polo positivo el colector y la base, y en los PNP el colector y la base al polo negativo.

Veamos sus símbolos, el NPN y el PNP:

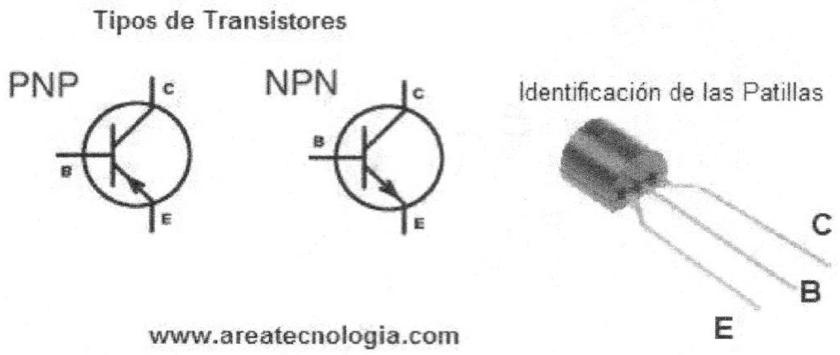

Si se van hacer prácticas con transistores es aconsejable disponer de un comprobador del patillaje para saber si el transistor está en buen estado o está estropeado ya que suelen fallar bastante o quemarse con bastante facilidad.

Ahora vamos a ver varios circuitos sencillos con transistores.

CIRCUITOS CON TRANSISTORES

Circuito Base del Transistor

El primer circuito que vamos a ver es un circuito básico para un transistor.

En el esquema de la página siguiente vemos que el circuito básico lleva una resistencia de base R2 para controlar que la base nunca esté en cortocircuito, lo que podría provocar una corriente excesiva y quemar el transistor

Además el Led luminoso lleva en serie una resistencia R1 para que de los 6 V de la fuente de alimentación (pila) solo le lleguen 2 V al LED y los otros 5 voltios caigan en la R1.

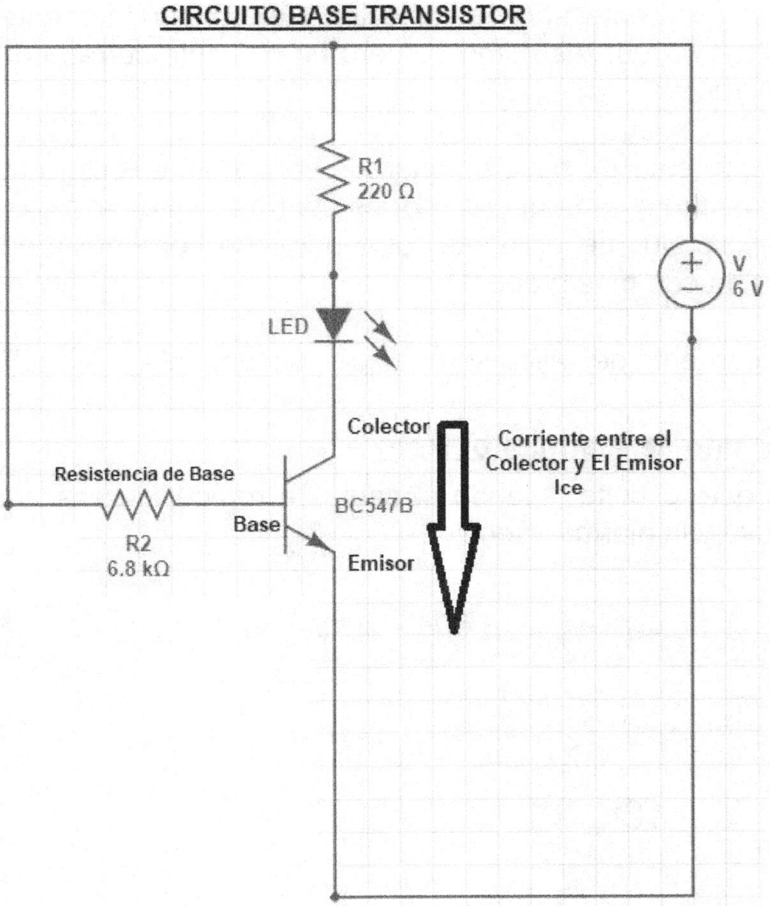

Cuando no le llega corriente a la base o le llega menos de la mínima necesaria el transistor NO se activa y no pasa corriente entre el colector y el emisor.

El colector-emisor se comporta como un contacto abierto de un interruptor y el Led está apagado.

Cuando a la base del transistor le llega una pequeña corriente, la mínima para activarlo, entonces comienza a pasar corriente entre el colector y el emisor (corriente de salida) ya que es cómo si fuera un contacto cerrado de un interruptor.

La corriente de base comparada con la del colector emisor es mucho más pequeña, por eso también se dice que es un amplificador de corriente, una pequeña corriente produce una mucho más grande.

La corriente de salida será la que consume el LED y la R1

Circuito de Alarma Por Rotura

En este circuito, cuando el cable se rompe el transistor se activa y la alarma suena.

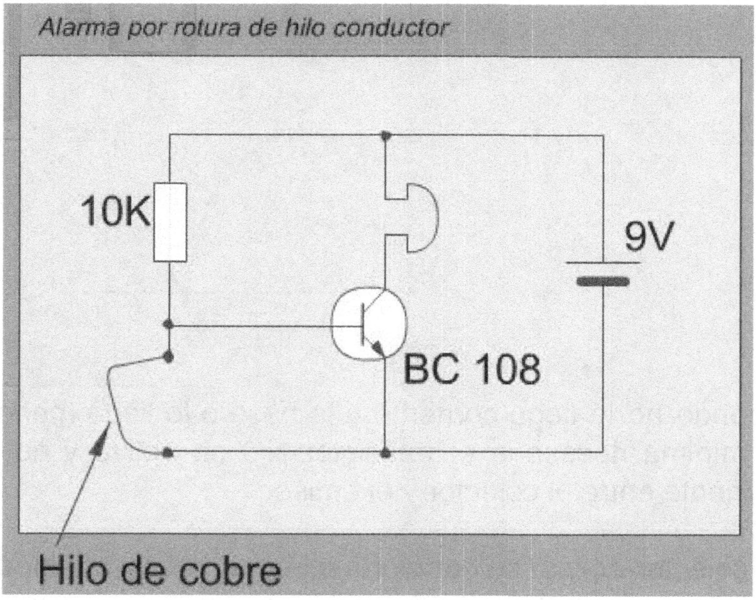

Mientras el cable esté sin romperse la corriente pasará por el circuito exterior que tiene menos resistencia y al transistor no le llega corriente a la base.

Conclusión, el transistor no se activará y no sonará la alarma en serie con él.

Motor Sensible a la Luz

Cuando le ponemos luz a la LDR baja la resistencia y pasará más corriente por la base hasta que sea la suficiente para activarlo.

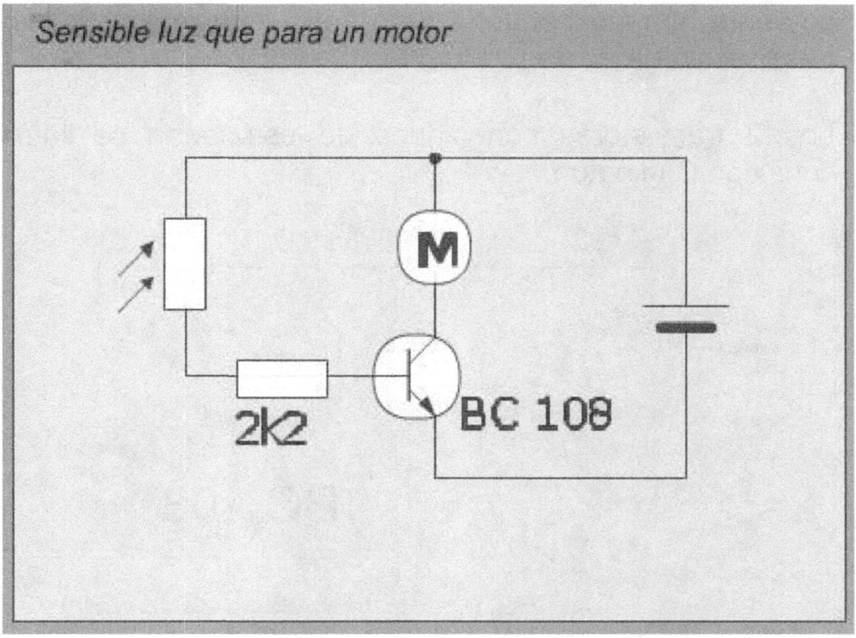

En ese momento el motor comenzará a funcionar.

Si tenemos poca luz, la LDR tiene mucha resistencia y pasa poca corriente lo que implica que no le llega la suficiente corriente a la base del transistor.

Circuito Sensible Al Tacto

Sabiendo que nuestros dedos tienen una pequeña resistencia pero que permiten el paso de la corriente, hacemos el siguiente circuito.

Cuando ponemos un dedo sobre los 2 sensores pasará una pequeña cantidad de corriente hacia la base del transistor, corriente aunque pequeña pero suficiente para activarlo y pasar activar el motor.

Los 2 transistores conectados de esa forma se llaman conexión Darlington.

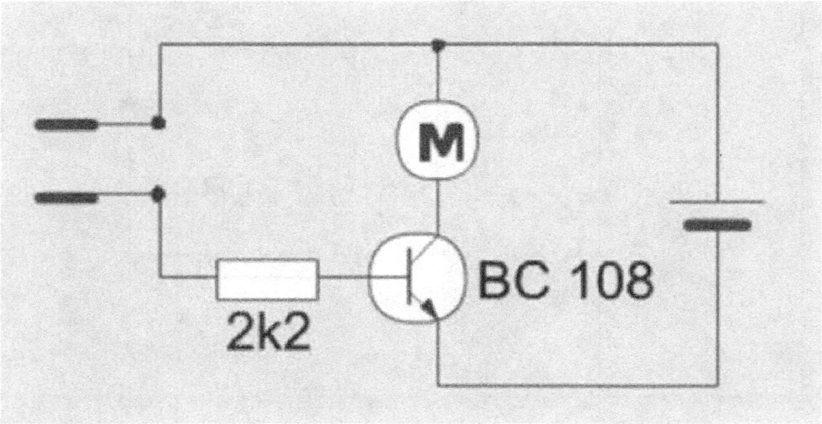

Sirve para amplificar la corriente de salida de los transistores.

Nota: nosotros la pequeña corriente por el dedo es tan pequeña que no la sentimos.

Detector de Frío

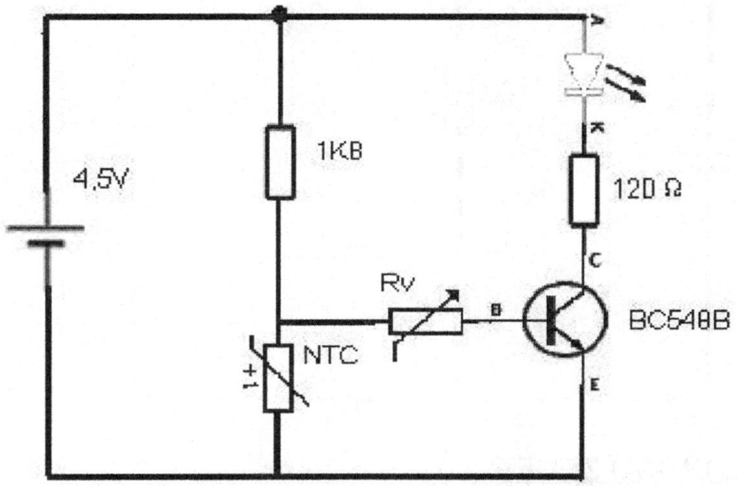

Cuando enfriamos la NTC aumenta mucho su resistencia y la corriente irá por la base del transistor activándolo y se encenderá el LED.

Si la temperatura en la NTC es muy elevada tendrá poca resistencia y solo pasará corriente por el circuito externo, sin pasar por la base del transistor.

Detector de Calor

Como puedes ver en el circuito de la página siguiente, al conectar de esta otra forma la NTC cuando aumentamos la temperatura en la NTC disminuye la resistencia e irá aumentando la corriente por la base.

Llegará un momento que la corriente sea lo suficientemente grande como para activar el transistor y encenderse el LED

.

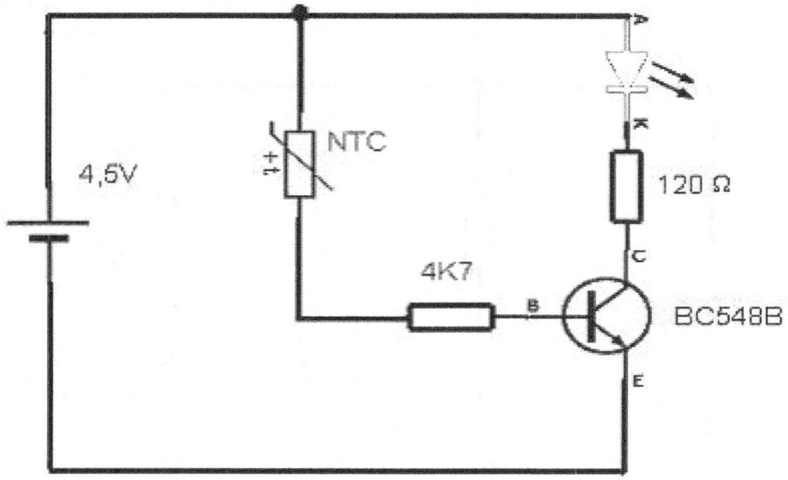

EL DIODO ZENER

Los diodos zener, zener diodo o simplemente zener, **son diodos** que están **diseñados para mantener un voltaje constante en su terminales**, llamado Voltaje o **Tensión Zener (Vz) cuando se polarizan inversamente**, es decir, cuando está el cátodo con una tensión positiva y el ánodo negativa.

Aquí tienes la imagen de un diodo zener real:

Y a continuación los símbolos utilizados para el zener:

SIMBOLOS DEL DIODO ZENER

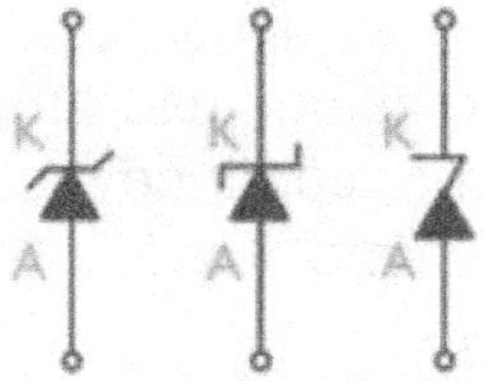

Su funcionamiento es el siguiente, cuando polarizamos el zener inversamente y llegamos a Vz el diodo conduce y mantiene la tensión Vz constante aunque nosotros sigamos aumentando la tensión en el circuito.

La corriente que pasa por el diodo zener en estas condiciones se llama corriente inversa (Iz).

Se llama zona de ruptura por encima de Vz.

Antes de llegar a Vz el diodo zener NO Conduce.

Como ves es un regulador de voltaje o tensión.

Fijate en la gráfica de funcionamiento o curva característica del zener:

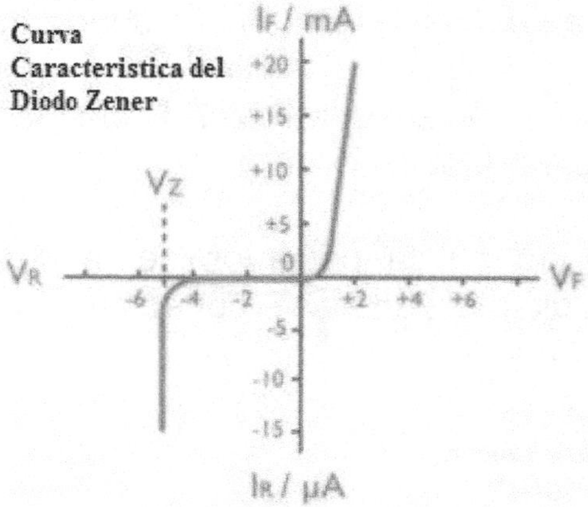

Cuando está polarizado directamente el zener se comporta como un diodo normal.

Pero OJO mientras la tensión inversa sea inferior a la tensión zener el diodo no conduce solo conseguiremos tener la tensión constante Vz cuando esté conectado a una tensión igual a Vz o mayor.

Para el zener de la curva vemos que se activaría para una Vz de 5V (zona de ruptura), lógicamente polarizado inversamente, por eso es negativa.

En la curva de la derecha vemos que sería conectado directamente y conduce siempre, como un diodo normal.

Sus dos características más importantes son su Tensión Zener y la máxima Potencia que pueden disipar = Pz (potencia zener).

La relación entre Vz y Pz nos determinará la máxima corriente inversa, llamada Izmáx.

OJO si sobrepasamos esta corriente inversa máxima el diodo zener puede quemarse ya que no será capaz de disipar tanta potencia.

Un ejemplo: Tenemos un diodo zener de 5,1V y 0,5w. ¿Cuál será la máxima corriente inversa que soportará?

Recordamos P = V x I; I = P/V. En nuestro caso Izmáx = Pz/Vz = 0,5/5,1 = 0,098A.

Para evitar que nunca pasemos de la corriente inversa máxima los diodos zener se conectan siempre con una resistencia en serie que llamamos "**Resistencia de Drenaje**".

Vamos a ver cómo sería la conexión básica de un diodo zener en un circuito:

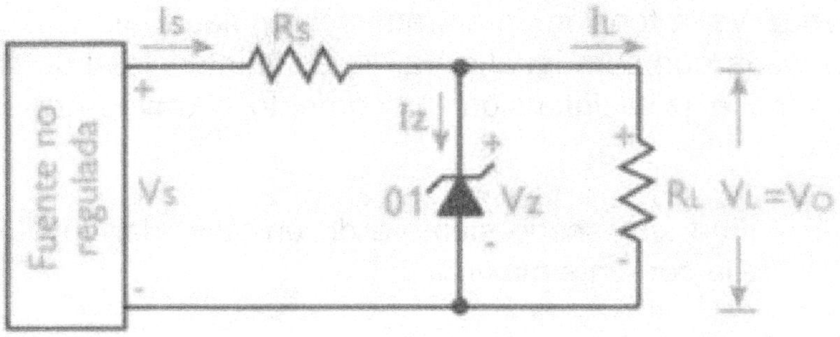

La Rs sería la resistencia de drenaje y la RL la Carga a la salida del zener.

¿Te das cuenta que la conexión es inversa?

Así se conectan siempre el zener.

En el circuito anterior la tensión de salida se mantendrá constante siempre que sea superior a la Vz, y además será independiente de la tensión de entrada Vs.

Esto nos asegura que la carga siempre estará a la misma tensión.

Si aumentamos por encima de Vz la tensión de entrada Vs a la salida tendremos siempre la tensión constante igual a Vz.

La Rs absorbe la diferencia de tensión entre la entrada y la salida.

¿Cómo se calcula la Rs?

$Rs = (Vs - Vo)/(IL + Iz)$

Siendo Vs la tensión de entrada del regulador, Vo la tensión de salida que será igual a Vz, IL es la intensidad de carga máxima e Iz la intensidad o corriente a través del diodo zener.

Esta última se escoge siempre de un valor del 10% o del 20% de la corriente máxima.

También tenemos que decir que estos diodos se utilizan como reguladores de tensión para determinadas tensiones y resistencias de carga, por encima de ellos el zener puede bloquearse e incluso destruirse.

Vamos a poner un ejemplo.

Se desea diseñar un regulador zener de 5,1V para alimentar una carga de 5 ohmios, a partir de una entrada de 9V.

Para ello utilizaremos un zener de 5,1V y 1w. Calcular:

a) La resistencia necesaria de drenaje, asumiendo una corriente de zener del 10% de la corriente máxima.

b) Los límites de variación del voltaje de entrada dentro de los cuales se mantiene la regulación.

Se asume que la carga es constante.

c) La potencia nominal de la resistencia de drenaje.

Vamos a resolver el problema:

Para calcular la resistencia de drenaje ya sabemos que es:

Rs = (Vs- Vo)/ (Il + Iz); en nuestro caso:

Vs = 9V; Vo = 5,1V;

Il = Vo / Rl = 5,1/5 = 1,02A;

Iz = Il / 10 = 1,2 /10 = 0,102A (el 10%)

Si ponemos estos valores en la fórmula de la Rs tendremos:

Rs = (9V-5,1V)/(1,02A-0,102A)= 3,48Ω.

Como este valor de resistencia no existe en la realidad escogeremos el valor de una resistencia de 3,3Ω que si existe en la realidad y se comercializa.

Vamos ahora a resolver el apartado b).

Los valores máximos y mínimos de la tensión de entrada entre los cuales el circuito mantiene regulada la tensión de salida, podemos despejarlos de la fórmula anterior.

Despejando Vs y teniendo en cuenta que la Iz, corriente a través del zener, no puede ser superior a su valor máximo Izmáx ni inferior a cero.

Despejamos Vs:

Vs = (Il + Iz) x Rs + Vo;

El valor mínimo para Vs será cuando Iz es igual a cero.

Vsmínimo= Il x Rs + Vo;

El valor máximo será cuando Iz es igual a Izmáx.

Vs = (Il + Izmáx) x Rs + Vo;

Los valores para nuestro ejercicio son:

Il = 1,02A; Rs = 3,3Ω; Vo = 5,1V y la Izmáx será:

Izmáxima= Pz/Vz = 1/5,1= 0,196A.

Si ponemos los valores en las fórmulas anteriores tenemos:

Vsminimo = 1,02 x 3,3 + 5,1 = 8,47V

Vmáxima = (1,02 + 0,196) x 3,3 + 5,1 = 9,11V.

¿Qué significa esto?

Pues que la tensión de entrada puede ser entre 8,47V y 9,11V para que exista regulación de tensión del diodo zener.

Si el zener tiene una tensión inferior a 8,47V deja de conducir y si es superior a 9,11V se destruye por sobrecalentamiento.

Este será el rango del que hablamos anteriormente y por lo que los zener no se pueden usar para todos los casos.

En ambos casos no habrá regulación de tensión y el circuito se comportará como un divisor de tensión normal.

La conclusión a esto es que **los diodos zener solo se pueden utilizar para un rango limitado de tensiones de carga** o corrientes de carga.

Para manejar tensiones elevadas se debe utilizar junto con un transistor que se encargará de transportar la corriente de carga sin alterar la tensión aplicada a ella.

Por último calculemos el apartado c).

La potencia nominal mínima de la resistencia de drenaje se calcula con la fórmula:

Ps = (9,11V -5,1V)/3,3Ω= 4,87w.

Según esto debe escogerse como mínimo una resistencia de 3,3Ω y que aguante una potencia de 5w.

En la práctica, por seguridad se elegirá una de 3,3Ω y de 10w de potencia.

Actualmente se pueden encontrar diodos zener de valores Vz desde 0,2V hasta 200V y de Pz hasta los 50 vatios.

Hay principalmente dos variedades de zener, los ZD o ZDP que son los europeos y los 1N que son americanos.

Los ZDP por ejemplo el ZPD12 significa que tienen una tensión zener de 12V.

Para el resto tendremos que mirar sus características en la tabla de fabricante, aunque normalmente su tensión de ruptura viene impreso sobre el mismo diodo zener.

OPTOACOPLADOR

Un optoacoplador es un componente electrónico que se utiliza como transmisor y receptor óptico (de luz).

Esto quiere decir que pueden transmitir de un punto a otro una señal eléctrica sin necesidad de conexión física ni cables (por el aire), mediante una señal luminosa.

Por eso también se llaman **OptoInterruptores**.

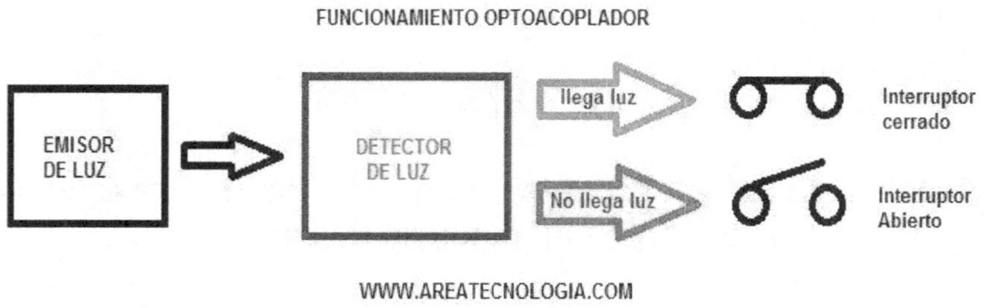

Activamos una luz y esta luz llega a un detector que genera una tensión de salida, interruptor cerrado.

Si no se activa la luz o no le llega la luz al detector, este no genera ninguna tensión de salida, es decir interruptor abierto.

Si combinamos una fuente óptica (generalmente un Led) con algún tipo de detector óptico (generalmente un semiconductor de silicio llamado fototransistor) en un solo encapsulado, el dispositivo resultante es un optoacoplador o interruptor óptico.

Suelen ser elementos que sustituyen a los relés tradicionales.

Se suelen utilizar para aislar dos circuitos, uno que trabaja a poco tensión (el del LED), llamado de control y otro a mucha tensión o a una tensión diferente (el del detector) llamado de potencia.

Imagina que con una pequeña tensión activamos el LED del optoacoplador (por ejemplo a 5V) y la luz que emite el led llega al detector del optoacoplador y activa el detector creando una tensión de salida a 220V.

Podemos activar a la salida motores, lámparas, etc. a 230V desde otro sitio en el que solo tenemos 5V sin riesgo apenas para el que lo activa.

La aplicación principal es el aislamiento entre los circuitos de control y los de potencia.

Esto evita que la parte de trabajo (la del led) no tenga casi riesgos para el que opera en ella al no tener que trabajar con la parte de alta tensión o intensidad, que estaría separada.

Otro uso muy común en educación son en coches seguidores de luz.

Veamos cómo funciona el optoacoplador.

Tiene una salida de luz (LED) y una entrada de luz que detecta cuando recibe la luz del LED cuando ésta rebota contra alguna superficie (fotodetector).

Como ves es similar al transistor, pero en lugar de corriente, con luz.

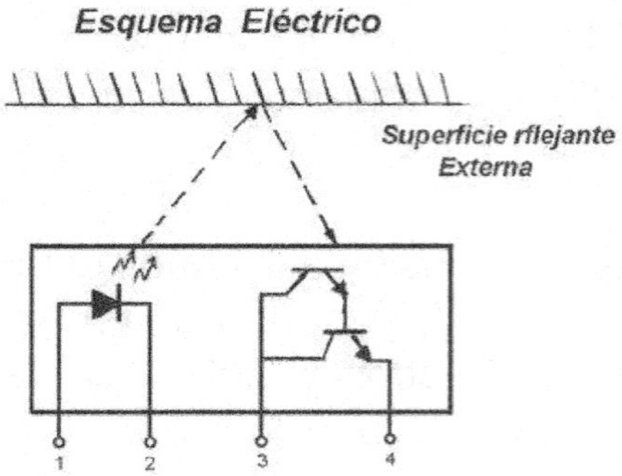

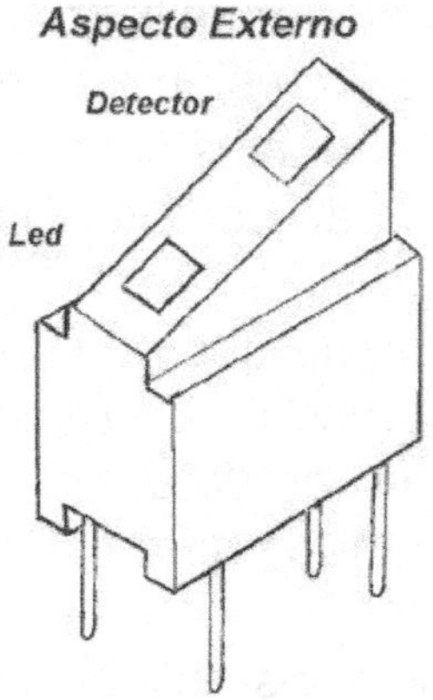

Cuando le llega una señal eléctrica a los dos extremos del LED (emisor) este emite una señal luminosa, que recibe el receptor o detector.

Este al recibir esta señal luminosa genera en sus bornes (patillas) una tensión eléctrica que será la tensión de salida.

Como vemos, cuando le llega una tensión a la entrada se genera una luz y al recibirla el detector genera una tensión de salida.

Es como un interruptor.

Si no llega luz al detector el interruptor estará abierto y si le llega luz del led el interruptor será cerrado.

OJO podría estar el led encendido pero no llegarle luz al detector porque no rebota en ninguna superficie.

El interruptor estaría abierto porque no se produce tensión a la salida.

Algunos optoacopladores tienen un encapsulado con una cámara de aire para la transmisión de la luz.

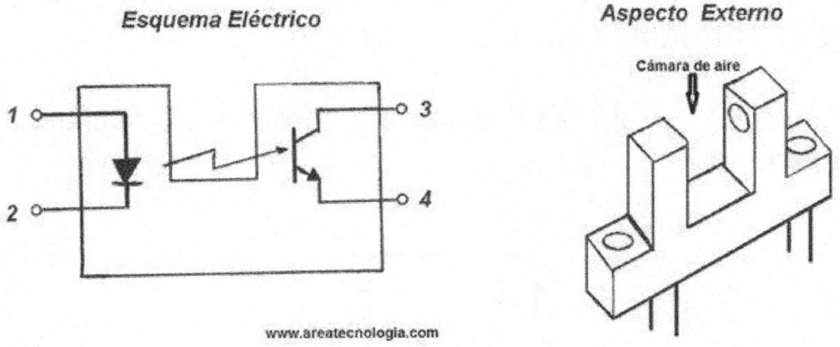

En este tipo si hay algún objeto dentro de la ranura no llegará luz al detector.

También puede ser que no le llegue tensión al led y tampoco tendríamos tensión de salida.

Serían los 2 casos posibles.

La mayoría de los optoacopladores utilizan un encapsulado llamado DIP.

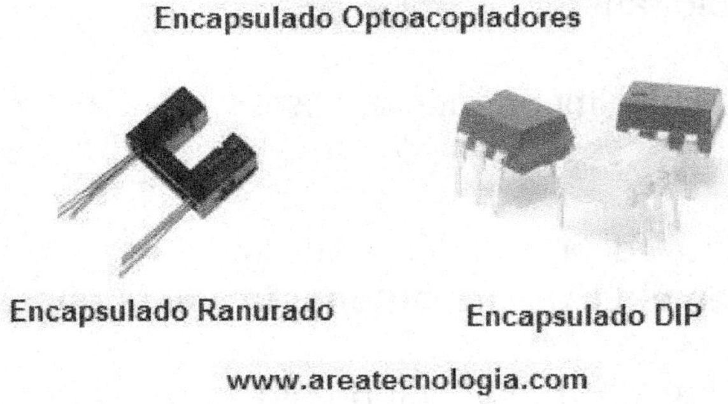

Puedes ver que el DIP tiene un encapsulado muy parecido a un circuito integrado incluso pueden presentar hasta 8 pines o patillas por cada lado.

En este caso estamos hablando de 4 optoacopladores individuales en un mismo encapsulado.

Fijémonos en el más normal que será el de 6 patillas, 3 por cada lado.

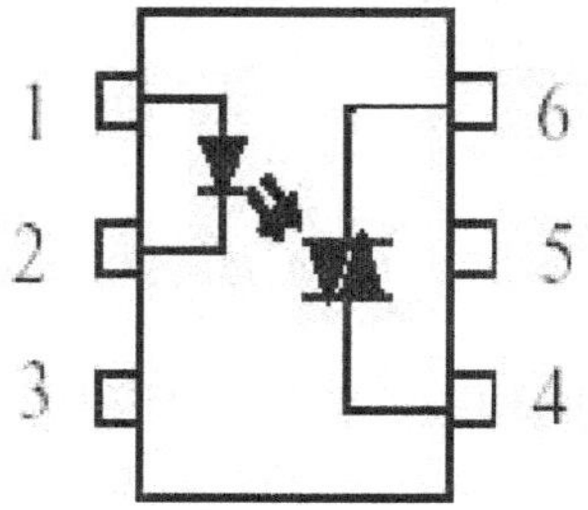

Las patillas 1 y 2 son el emisor de luz y la 6 y 4 el receptor de la luz para que se active.

Hay muchos tipos diferentes de optoacopladores pero todos tienen un foco emisor de luz LED.

Lo que pueden cambiar es el receptor de luz que puede ser un fotodiodo, fototransistor, LASCR, etc.

Un parámetro muy importante en estos elementos es **la eficiencia**.

Este parámetro define qué **cantidad de corriente necesitamos en el LED para obtener la salida deseada**.

En el transistor y en el darlington esto se llama Radio de transferencia de corriente (CTR) y esto se calcula simplemente dividiendo la corriente de salida entre la corriente de entrada requerida.

La mayoría de los optoacopladores trabajan a un CTR entre 10 y 50 por ciento.

El otro parámetro importante en optoacopladores es **el voltaje de aislamiento** el cual es de 7500 Volts durante 1 segundo.

Es importante resaltar que tanto el led como el detector deben llevar siempre una resistencia en serie con ellos para protegerlos y limitar la corriente que le llega al led.

¿Y si le ponemos un led a la salida?

En este caso el optoacoplador encendería el led.

Donde va conectado el led de salida podríamos poner un voltímetro (o un polímetro) y utilizarlo para comprobar el funcionamiento del optoacoplador.

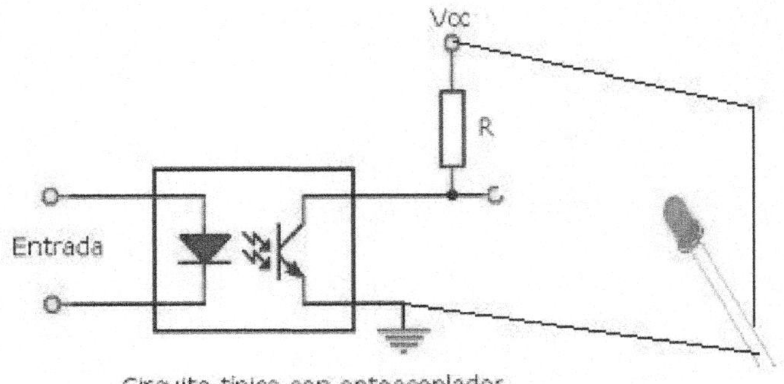

Circuito típico con optoacoplador

Lógicamente donde tenemos en el esquema la Vss hay podríamos colocar el receptor como una bombilla, timbre, motor, etc. que se activaría con el optoacoplador al llegarle tensión al Led del optoacoplador con Vs.

Si ponemos un pequeño motor de c.c. o un led en Vss este se activará con el optoacoplador.

Pero...¿y si queremos señales de tensiones más elevadas a la salida?

En Vss tendríamos que poner un relé por que la tensión generada no será muy alta, si queremos receptores a más tensiones.

Si colocamos un relé podemos activarlo con el optoacoplador y este tendrá a la salida un circuito con la tensión de 230V en alterna, por ejemplo.

Normalmente en lugar de un relé se pone un triac, elemento que veremos más adelante.

Pero veamos el circuito:.

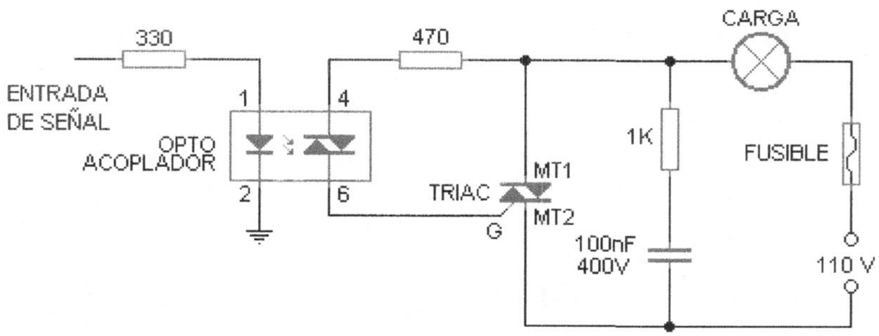

Este circuito electrónico se llama interfaz de potencia basado en un optoacoplador DIODO - TRIAC capaz de manejar cargas del orden de 10 amperios o más dependiendo la capacidad del triac a utilizar a la salida.

Nota: más adelante veremos el triac.

Lo primero que debemos verificar es que haya señal suficiente para activar un LED y luego acoplar esa señal a este circuito tal cual.

AMPLIACIÓN DEL CONDENSADOR

Ampliemos y repasemos un poco los conceptos sobre este componente tan importante en electrónica, aunque veas que a veces repetimos cosas que ya vimos.

Recordamos que un condensador es un componente eléctrico que almacena carga eléctrica para liberarla posteriormente.

También se suele llamar capacitor y en la siguiente imagen podemos ver varios tipos diferentes.

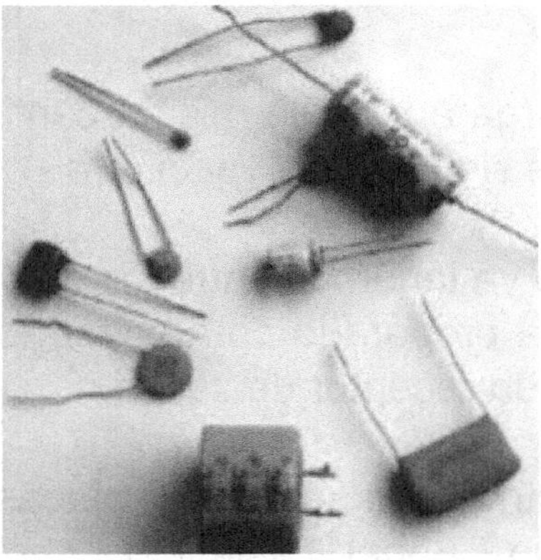

Recuerda que la carga eléctrica es la cantidad de electricidad.

¿Cómo almacena la Carga el Condensador?

Para almacenar la carga eléctrica utiliza dos placas o

superficies conductoras en forma de láminas separadas por un material dieléctrico (aislante).

Estas placas son las que se cargarán eléctricamente cuando lo conectemos a una batería o a una fuente de tensión.

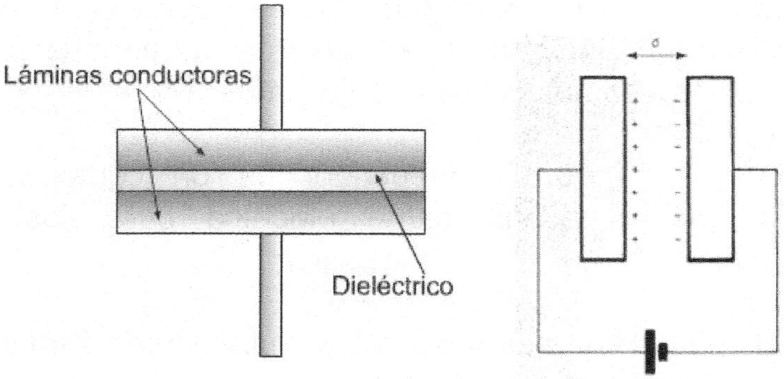

www.areatecnologia.com

Las placas se cargarán con la misma cantidad de carga (q) pero con distintos signos (una + y la otra -).

Una vez cargado ya tenemos entre las dos placas una d.d.p o tensión y estará preparado para soltar esta carga cuando lo conectemos a un receptor de salida.

El material dieléctrico que separa las placas o láminas suele ser aire, tantalio, papel, aluminio, cerámica y ciertos plásticos, dependiendo del tipo de condensador.

Un material **dieléctrico** es usado para aislar componentes eléctricamente entre sí, por eso deben de ser buenos aislantes.

En el caso del condensador **separa las dos láminas con carga eléctrica**.

La cantidad de carga eléctrica que almacena se mide en Faradios.

Esta unidad es muy grande, por eso se suele utilizar el microfaradio 10 elevado a menos 6 faradios. 1 μF = 10-6 F.

También se usa una unidad menor el picofaradio, que son 10 elevado a menos 12 Faradios. 1 pF = 10-12 F.

Esta cantidad de carga que puede almacenar un condensador, se llama Capacidad del Condensador y viene expresada por la siguiente fórmula:

$$\mathbf{C = q / V}$$

q = a la carga de una de las dos placas y se mide en Culombios.

V = es la tensión o d.d.p entre los dos extremos o placas o lo que es lo mismo la tensión del condensador y se mide en voltios.

Según la fórmula un condensador con una carga de 1 Culombio con una tensión de 1 Voltio tendrá una capacidad de 1 Faradio.

Como ya dijimos este condensador sería enorme, ya que 1 Faradio es una unidad de capacidad muy grande (ocuparía un área aproximada de 1.011m2 que en la práctica es imposible).

Podríamos despejar la tensión del condensador en la fórmula anterior y quedaría:

$$V = q/C$$

Carga y Descarga de Un Condensador

Un condensador no se descarga instantáneamente, lo mismo que ocurre si queremos pasar en un coche de 100Km/h a 120Km/h, no podríamos pasar directamente sino que hay un periodo transitorio.

Lo mismo ocurre con su carga, tampoco es instantánea.

Esto hace que los condensadores se puedan usar como temporizadores.

Vamos a ver como se carga y descarga un condensador partiendo de un circuito muy sencillo en el que solo tenemos una resistencia de salida R2 y un conmutador para cargar o descargar el condensador, dependiendo de su posición.

La R1, como ya veremos es para poder controlar el tiempo de carga y se llama resistencia de carga.

Veamos cómo se carga un condensador en la página siguiente:

Al poner el conmutador en la posición del circuito anterior, el condensador estará en serie con R2 y estará cargándose.

El tiempo de carga dependerá de la capacidad del condensador y de la resistencia que hemos puesto en serie con él, siendo:

t = 5 x R1 x C

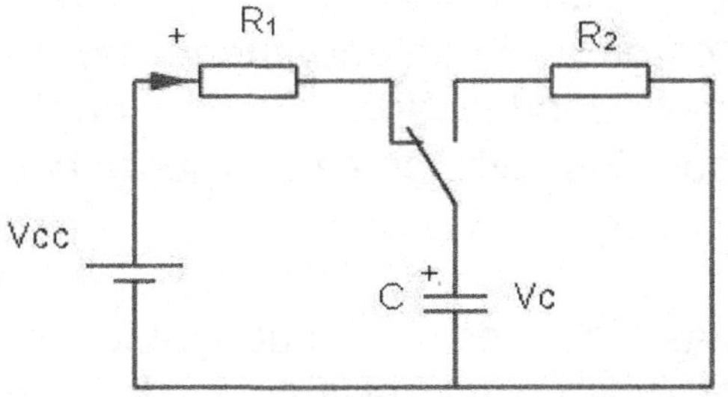

Carga del condensador

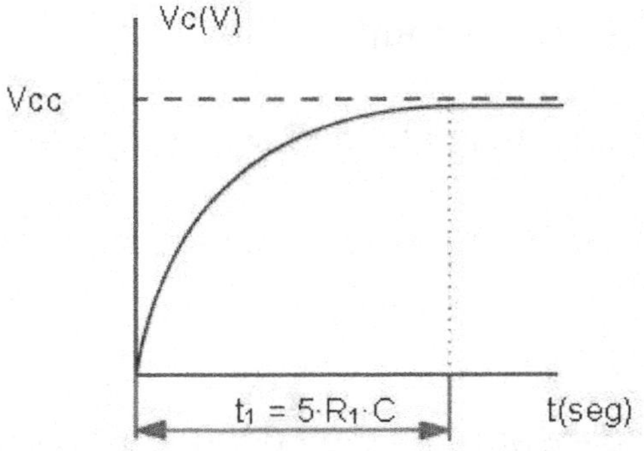

La resistencia lo que hace es impedir el paso de la corriente, por eso cuanto mayor sea ésta mayor será el tiempo de carga.

Los electrones que circulan por el circuito irán más lentos hacia el condensador por culpa de la resistencia.

Fíjate en la gráfica anterior del tiempo en función de la tensión del condensador, el condensador se va cargando hasta alcanzar su capacidad máxima al cabo de 5 x R1 x C segundos.

¿Qué pasaría si no colocamos la resistencia de carga R1?

Como ya vimos, según la fórmula al ser R1 = 0 el condensador se cargará instantáneamente pero no es así porque el propio condensador tiene una pequeña resistencia, que para los cálculos se considera despreciable frente a R1.

De todas formas no es recomendable cargar un condensador directamente sin resistencia de carga ya que la corriente de carga podría ser muy alta y dañar el condensador.

Recuerda I = V / R (ley de ohm).

Si R es muy pequeña, la intensidad será muy grande.

En el caso del condensador la corriente sería

I = V / Icondensador

Como la I del condensador es muy pequeña el condensador se cargará con una I muy grande.

Esto podría hacer que los conductores del circuito y el propio condensador no la puedan soportar y se quemen.

¿Qué pasa una vez que el condensador está cargado completamente?

Una vez que el condensador se ha cargado ya no necesita más carga de la batería y por lo tanto **se comportaría como un interruptor abierto**.

Entre los dos extremos del condensador tendríamos una d.d.p, la del condensador, pero no habría circulación de corriente a través de él.

Es decir la I por el condensador será 0 amperios, pero si tendrá voltaje.

En el circuito anterior al cabo de un tiempo el condensador se habrá cargado y la batería no suministra más corriente al condensador.

El condensador estará cargado y actuará como un interruptor abierto.

Ojo en el momento que cambiemos la posición del conmutador el condensador se descarga sobre R2 y si que circulará corriente a través de él.

Esto lo vemos a continuación.

Descarga del Condensador

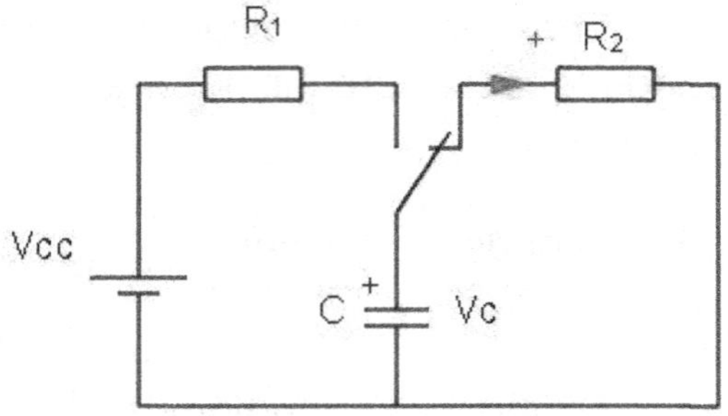

Descarga del condensador

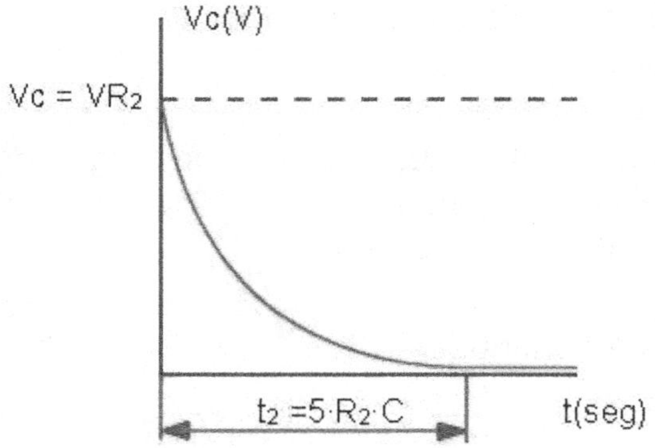

Como ves en el esquema hemos cambiado la posición del conmutador y ahora la carga del condensador se descargará sobre la resistencia de salida R2.

Igual que antes esta descarga no será instantánea, dependerá de la R2 de salida y de la capacidad del condensador.

La fórmula para la carga y descarga del condensador es la misma.

t = 5 x R1 x C

A mayor R2, mayor tiempo de descarga.

Si además de la R2 pusiéramos otro receptor, por ejemplo un led o una lámpara, podríamos controlar el tiempo que estará encendido que será el tiempo que dure la descarga a través de R2 y del Led o lámpara.

Además si la R2 fuera un potenciómetro (resistencia variable), podríamos variar el tiempo de descarga cambiando el valor de la resistencia del potenciómetro.

¡¡¡**Hemos construido un temporizador**!!!

Aquí tienes el circuito con un led de descarga y que ya vimos antes:

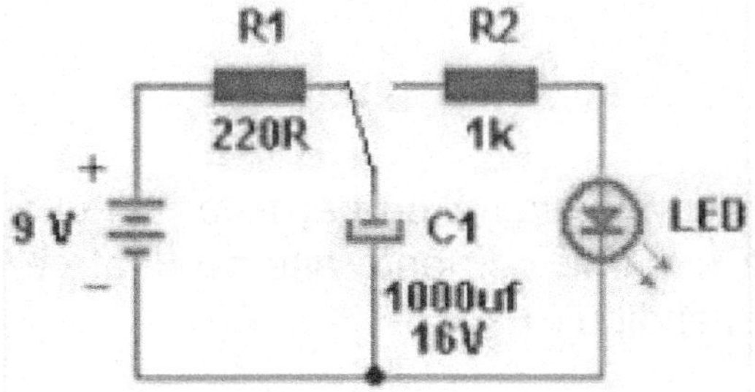

OJO de la misma forma que no es recomendable cargar un condensador sin R1, tampoco lo es descargarlo directamente sin R2, ya que estaríamos provocando un cortocircuito con un Intensidad muy grande de descarga y por lo tanto también podríamos quemar el condensador.

El Condensador como Filtro

Fíjate en el siguiente circuito:

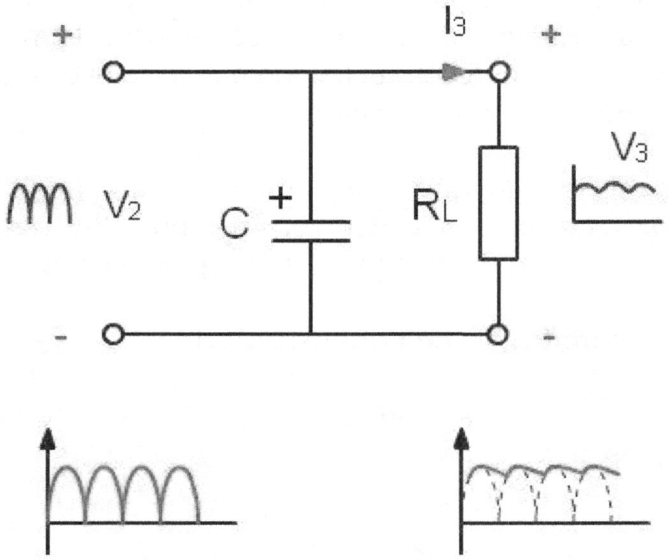

Tenemos un condensador en paralelo con una resistencia y alimentados por una corriente alterna (fíjate en la forma de las ondas en el dibujo).

Expliquemos lo que pasa en este circuito.

En el instante inicial el condensador está descargado y la tensión de alimentación lo carga.

Al cabo de un tiempo el condensador estará completamente cargado.

¿Qué pasa ahora?

Ahora el condensador comienza a descargarse por RL pero, casi nada más empezar a descargarse, el generador de alterna lo detecta y empieza a cargar otra vez el condensador.

El condensador nunca se descarga por completo.

La Tensión en Rl o de salida, al estar en paralelo con el condensador, será la misma que tenga el condensador, por eso la onda de la tensión de salida será la de la gráfica de la derecha, una onda rectificada, de tal forma que solo tendrá la cresta de la onda.

Esto se usa por ejemplo para construir una fuente de alimentación, como veremos más adelante.

<u>Código de los Condensadores</u>

Los condensadores tienen un código de colores similar al de las resistencias pero en este caso para calcular el valor de su capacidad, pero OJO, en picofaradios (10-12 Faradios).

El primer color nos dice el valor de la primera cifra de la capacidad, el segundo el de la segunda y el tercero el del factor de multiplicación, que es 10 elevado al número del código del color.

El cuarto color nos indica la tolerancia, es decir, el porcentaje que puede variar del valor teórico (el sacado de los 3 primeros colores) de su capacidad.

Por ejemplo 10%, 20%, etc.

Si un condensador tiene un valor de 1000pF y una tolerancia del 10%, quiere decir que el valor real puede oscilar entre un 10% más o un 10% menos.

Podría valer entre 900 y 1100 pF, aunque normalmente se ajustan bastante al valor teórico, en este caso 1000pF.

El quinto color nos indica la tensión de trabajo del condensador, es decir, la tensión a la que se carga.

El valor de los colores vienen en un tabla, igual a la de las resistencias, que puedes ver aquí:

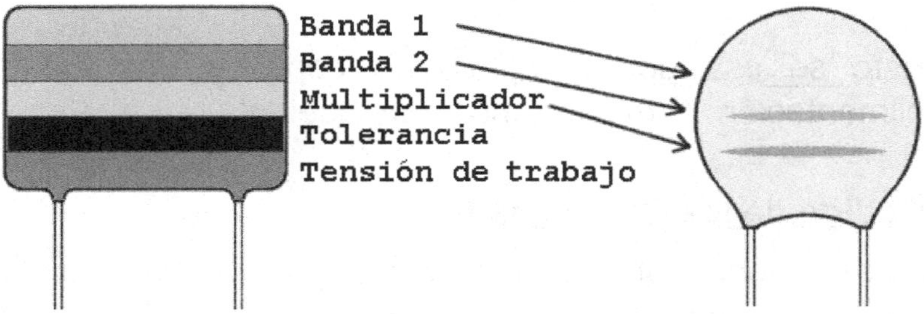

Sabiendo el valor de los colores, veamos un ejemplo:

¿Qué valor tendría un condensador con los siguientes colores verde-azul-naranja?

Verde = 5; azul = 6, Naranja = 3;

Por lo tanto tendrá una capacidad

C = 56 x 103 picofaradios = 56000 pF = 56 nF.

Si te ha quedado alguna duda fíjate en este otro ejemplo:

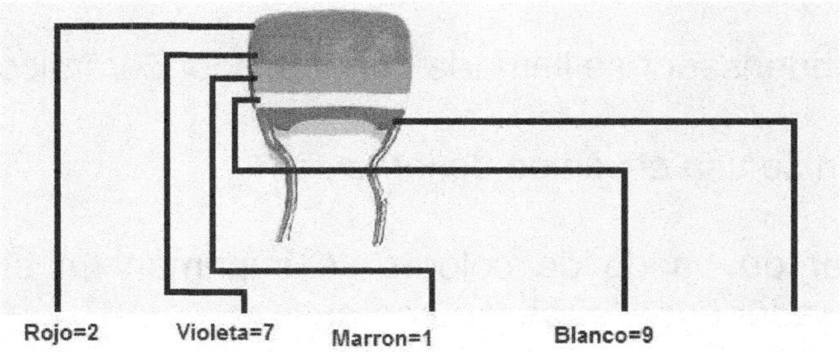

27×10^1 Picofaradios

Hay otro código que se usa en los condensadores, es el llamado **código japonés o código 101**.

Este código lleva 3 números.

Imagina que ves un condensador como el de la figura:

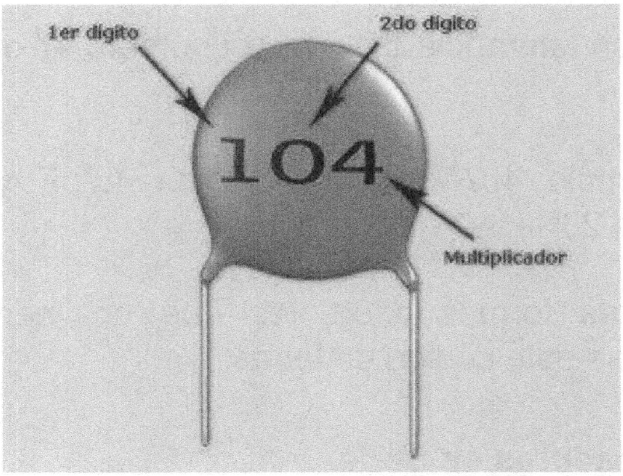

Este condensador lleva el código Japonés.

Los 2 primeros dígitos hay que multiplicarlos por 10 elevado al tercer dígito (llamado multiplicador) para calcular su capacidad, en picofaradios (10-12 Faradios).

En este ejemplo sería 10 x 104 picofaradios = 0.1 microfaradios.

Este condensador se llamaría condensador cerámico 104.

También se usa el código de letras.

En lugar de banda de colores se imprimen en el propio condensador unas letras y números.

Por ejemplo la letra K indica cerámica, pero el resto de letras nos indica la tolerancia.

Al final o al principio aparece un número que es el valor de la capacidad o de la tensión.

Por poner un ejemplo, pero hay muchos diferentes, si vemos un condensador marcado con las letras **47J**.

La J indica tolerancia del 5% y el número 47 quiere decir 47 pF.

Otro ejemplo 4p7M; el 4p7 indica 4,7pF y la letras M tolerancia 20%.

Hay tantas formas diferentes que no merece la pena aprenderse este código de letras.

Condensadores en Serie

La tensión total es la suma de las tensiones de los 2 condensadores:

Vt = V1 + V2; en el caso del circuito de la figura Vab será la total.

Recuerda que V1= q/C1, con esta fórmula podríamos sustituir las V en la anterior.

La capacidad total de todo los condensadores en el circuito en serie sería:

1/C = 1/C1 + 1/C2 + 1/C3....

Hasta el número total de condensadores que tengamos conectados en serie.

Condensadores en Paralelo

En este caso la tensión de carga de cada condensador es igual a la de la batería por estar en paralelo:

Vab = V1 = V2 = V3 ....

La carga total almacenada en el circuito con todos los condensadores sería la suma de las cargas de todos los condensadores:

Ct = C1 + C2 + C3 ....

LED DISPLAY

Antes de ver qué es un led display repasemos brevemente qué es un led y un display.

Un Led es un diodo emisor de luz.

Es un componente electrónico que permite el paso de la corriente solo en un sentido, cuando está conectado o polarizado directamente, y en este caso emitirá luz.

Para que emita luz debe conectarse la patilla larga al positivo y la corta al negativo, en caso contrario no conduce y no emitirá luz.

¿Qué es un Display?

Display significa visualizador en inglés.

Pues eso es un display, es un dispositivo electrónico que visualiza información.

Por ejemplo el display de 7 segmentos se utiliza para visualizar los números en una pantalla mediante leds.

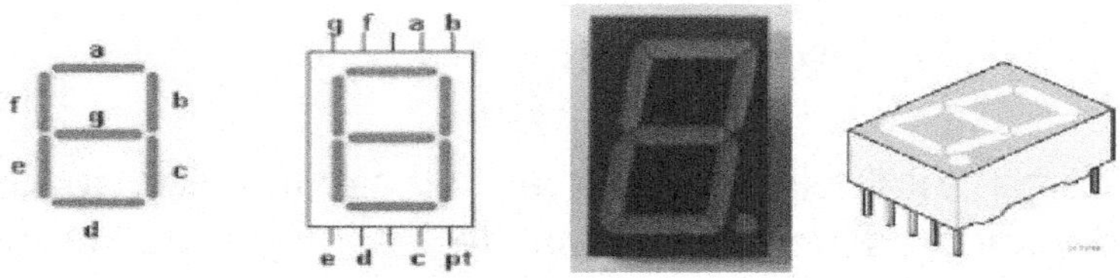

Display 7 segmentos por www.areatecnologia.com

Fíjate que tiene 7 leds y en función de que leds luzcan nos muestra un número u otro.

Esto es un Led Display.

Un display está compuesto por leds, es decir una pantalla o visualizador donde la información que nos muestra es por medio de luces tipo led.

En electrónica **el led display que más se usa es el de 7 segmentos** anterior.

Vamos a explicar cómo se conecta para su funcionamiento.

Led Display 7 Segmentos

Si nos fijamos en la imagen de arriba el display de 7 segmentos tiene 8 patillas.

Cada patilla hace lucir uno de los 7 leds, y la otra irá al positivo o al negativo directamente, dependiendo del tipo de Led Display.

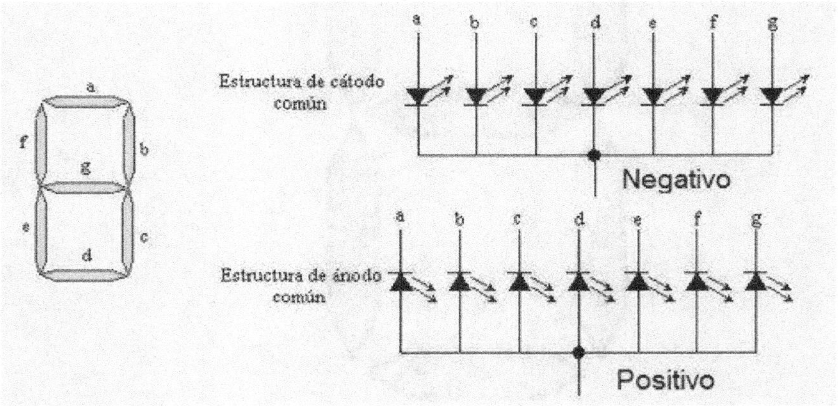

En el led de la figura de la parte de abajo, que irá conectado al positivo, es un display llamado de ánodo común, porque todos los leds comparten el ánodo o positivo de la pila mediante esta patilla.

El de arriba será el de cátodo común.

Ya tenemos conectadas las 8 patillas, 7 para los leds, que irán al polo negativo o positivo y la otra para compartir el positivo.

Si hacemos esta conexión lucirán todos los leds y se mostrará el número 8 en pantalla.

¿Y si queremos otro número?

Por ejemplo, el 3 en el display siguiente:

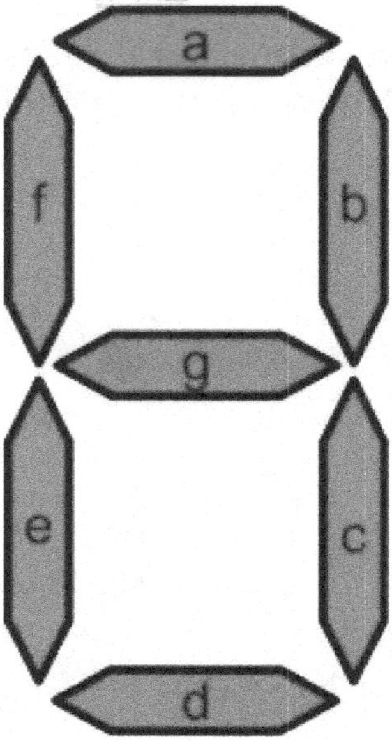

Deberemos conectar los leds correspondientes a las patillas marcadas con las letras a, b, g, c y d.

Lo normal es conectar el display de 7 segmentos con un interruptor o pulsador en cada led, de esta forma podemos visualizar el número que queramos simplemente accionando unos interruptores u otros.

Ojo los leds además **deben llevar en serie una resistencia** si la tensión a la que los conectamos es mayor de 2V, tensión normal de conexión de los leds.

En caso contrario, si la tensión es mayor se quemarán los leds del display.

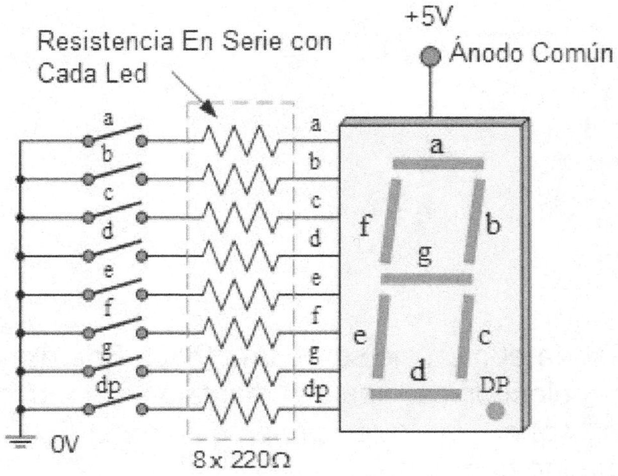

De este modo la tensión se reparte entre el led y la resistencia.

Como ves, en este caso es de ánodo común conectado a 5V, por eso ponemos en serie una resistencia con cada led.

Los leds estarían a 2V y las resistencias tendrían un valor de forma que la tensión en cada una de ellas sea de 3V, así la tensión total en la resistencia más la del led serán los 5V

También es usual en electrónica, sobre todo para hacer prácticas, utilizar switchs o también llamados **DIP switchs**, en lugar de interruptores o pulsadores.

Es una pequeña cápsula con diminutos interruptores, normalmente 8, uno para cada led del display de 7 segmentos, y otro que nos sobraría.

Fíjate cómo sería el montaje sobre una Placa Board, placas usadas en electrónica para montaje de circuitos provisionales sobre la que podemos poner y quitar elementos cuando queramos.

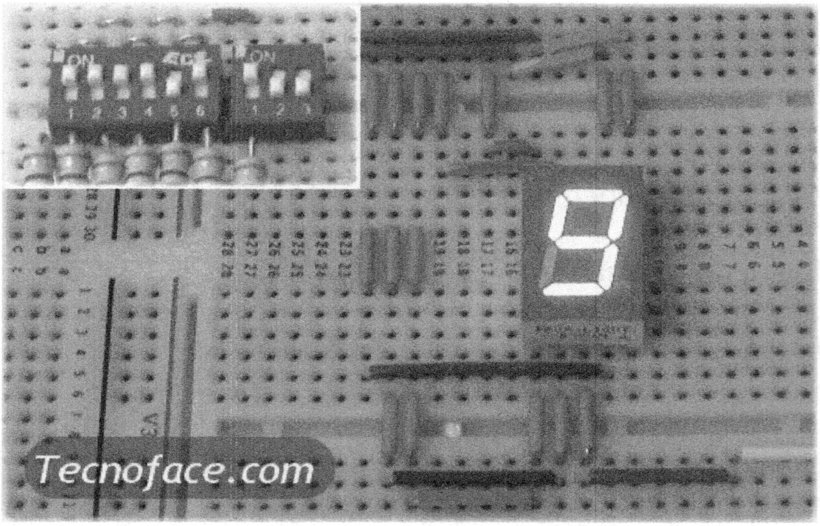

Lo normal es que tengamos un circuito lógico que controle el display por sí solo, normalmente componentes digitales, como decodificadores para hacer un contador numérico, generador de números aleatorios, etc.

Incluso se pueden conectar las patillas a un PC y crear programas de control del display (se conectan a pines de los puertos en paralelo).

Como podrás darte cuenta si queremos números mayores del 9 necesitamos 2 o más displays de 7 segmentos.

La práctica o forma más didáctica y más utilizada es la conexión mediante una placa de arduino, que aquí no explicaremos, pero que en internet puedes buscar mucha información.

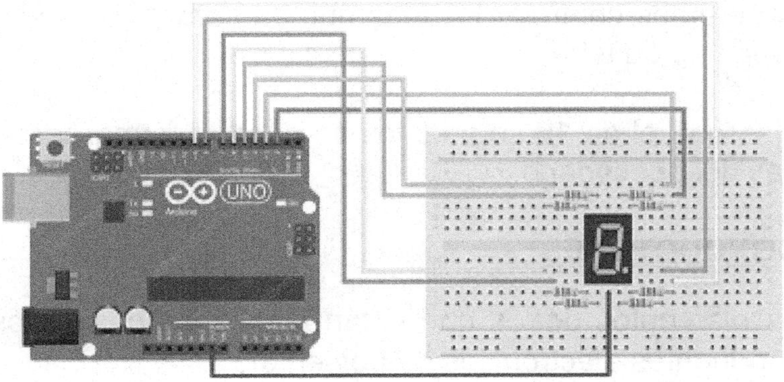

Display Screen

Un display screen es **un display alfanumérico**.

Son displays que sirven para escribir palabras en paneles, por ejemplo en los aeropuertos.

Son similares a los vistos pero la diferencia es el número de leds, ya que pueden escribir letras para generar palabras y frases completas.

Los normales son de 14 o 16 segmentos (16 leds) pero los hay de mallas de muchos leds, llamadas **matriz de leds**.

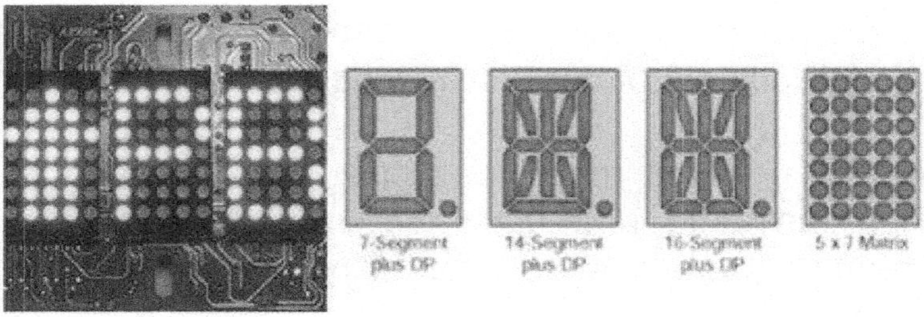

Aquí deberemos controlar los leds que queramos encender para cada tipo de letra.

Si te fijas con el de 16 segmentos se pueden formar todas las letras del abecedario.

SEMICONDUCTORES

Son los elementos de los que están fabricados casi todos los componentes electrónicos de hoy en día.

Como la misma palabra indica no son buenos conductores, pero tampoco son aislantes.

Podemos definir los semiconductores como aquellos materiales que se comportan como conductores sólo en determinadas condiciones.

Por eso se dice que están en un punto intermedio entre los conductores y los aislantes.

Por ejemplo, hay materiales que a partir de una cierta temperatura son conductores, pero por debajo, son aislantes.

Para entender los principios físicos de los semiconductores tenemos que conocer las partículas por las que están formados los átomos de los elementos.

Recordamos que en el núcleo del átomo se encuentran protones con carga positiva y los neutrones, solo con masa, y que no tienen carga eléctrica.

Fuera del núcleo y girando alrededor de él en las llamadas órbitas se encuentran los electrones con la misma carga que los protones pero negativa.

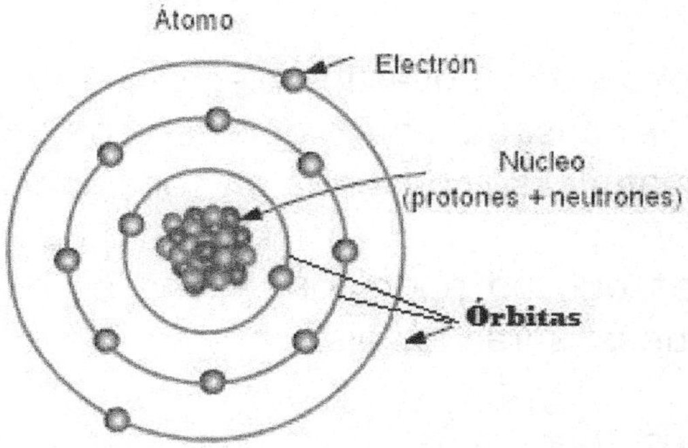

Cualquier átomo tiene el mismo número de protones en su núcleo que electrones girando en órbitas alrededor del núcleo.

La carga positiva de los protones se anula con la negativa de los electrones, por eso el átomo, en su estado normal, no tiene carga o su carga es eléctricamente nula.

Pero no todos los átomos son iguales, ya que cada elemento de la tabla periódica tiene diferentes átomos, pero eso sí, todos están formados por las mismas partículas: protones, neutrones y electrones.

Solo se diferencian en el número de ellas.

El número de protones o electrones determina el número atómico del elemento.

Recuerda que todos los materiales están formados por átomos.

Son los electrones las partículas que realmente importan para estudiar la conducción eléctrica.

La corriente eléctrica es un movimiento de electrones.

Si somos capaces de mover los electrones de los átomos de un material conseguiremos generar corriente eléctrica por él y este material se convertirá en conductor.

Hay materiales que no podemos mover los electrones de sus átomos nunca, serán los aislantes.

Los electrones que más fácil nos resultaría hacerles abandonar el átomo son los que se encuentran en la última capa u órbita del átomo.

Ahora veremos por qué.

Cada órbita o capa en la que giran los electrones está situada en lo que se llama una banda de energía.

Los electrones que están girando en una banda tienen la misma energía que esa banda.

Los electrones más cercanos al núcleo están muy unidos a él y tienen poca energía.

Los más externos al núcleo son los que tienen más energía, pero los que resulta más fácil hacerles abandonar el átomo.

Para que un electrón de las capas más próximas al núcleo sea capaz de abandonar el átomo, tendríamos que ir pasándolo de capa en capa hasta llegar a la última capa.

Es decir, necesitaríamos ir suministrando energía para pasar de una capa a otra hasta llegar a **la capa más externa, llamada banda de valencia**.

Inicialmente tienen poca energía y pasarían a mucha energía al llegar a la capa más externa.

Esto sería muy difícil de hacer, por este motivo, estos electrones no se usan para abandonar el átomo y provocar corriente eléctrica.

Solo se usan los electrones de la última capa llamados **electrones de valencia**.

Estos son los que utilizaremos para hacerles abandonar el átomo, que pasen a otro y provocar corriente eléctrica por el material.

Pero ojo, estos electrones de la última capa, la más externa o de valencia, todavía tenemos que lograr que abandonen esta capa para que dejen por completo al átomo.

Es como si tuvieran que saltar una última capa, capa a la que llamamos de conducción.

Sería esa **capa de conducción la que tendría que saltar un electrón de la última capa** para hacerle abandonar por completo el átomo.

OJO el salto sería suministrando energía al electrón.

Salto es igual a energía.

Hay materiales que esta capa de conducción la tienen muy grande, es decir que les costaría mucho abandonar el átomo, incluso estando en la última capa o banda.

Estos materiales son aislantes.

Si fuera muy fácil hacerles saltar esta capa, es decir que que pasen de la de valencia a la de conducción, se llamarían conductores.

Podríamos resumir todo esto diciendo que los electrones dentro de un átomo se pueden encontrar en 3 tipos de bandas diferentes:

-**Banda de conducción**: Intervalo energético donde están aquellos electrones que pueden moverse libremente.

Están libres de la atracción del átomo.

- **Banda Prohibida**: Energía que ha de adquirir un electrón de la banda de valencia para poder moverse libremente por el material y pasar a la banda de conducción.

- **Banda de Valencia**: Intervalo energético donde están los electrones de la última órbita del átomo.

Aquí tienes una ilustración de cómo serían las bandas de un material si fuera conductor, aislante o semiconductor.

En los aislantes un electrón de la capa de valencia no podríamos pasarlo a la de conducción, es demasiado difícil o ancha.

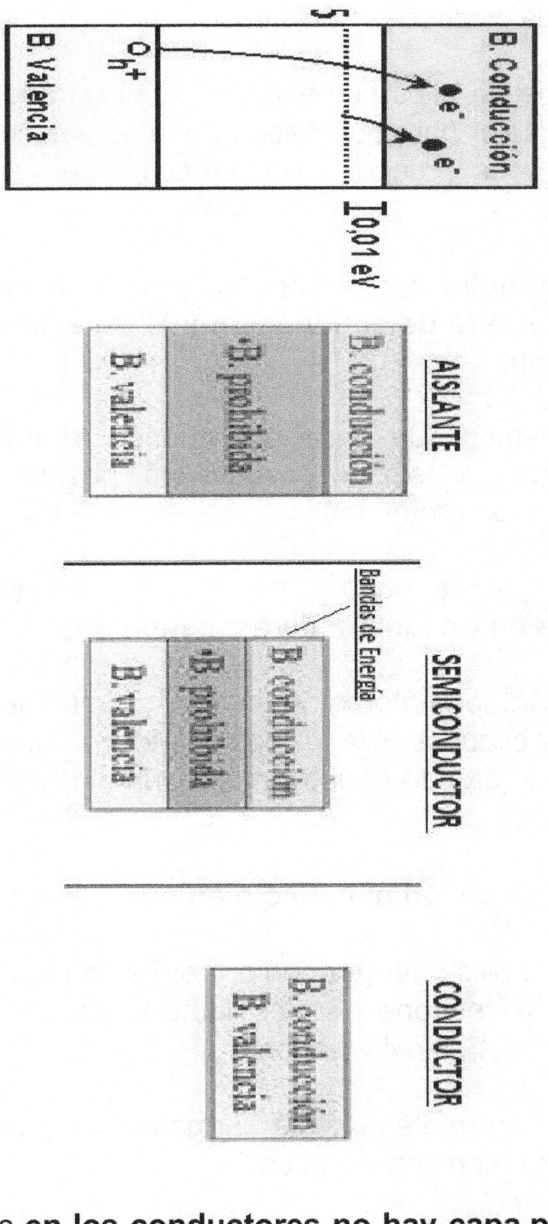

Si te fijas **en los conductores no hay capa prohibida**, los electrones de valencia pasarían muy fácilmente a la de conducción.

Los semiconductores tienen una dificultad intermedia para pasar los electrones de valencia a la de conducción.

En la mayoría de ellos es necesario suministrarles energía en forma de calor para que pasen de la de valencia a la de conducción, es decir, convertirlos en materiales conductores.

Un semiconductor se caracteriza por tener una banda prohibida entre la de conducción y la de valencia, pero no muy ancha.

También tenemos que decir que cuando arrancamos un electrón al átomo éste se desequilibra, pasando a tener carga positiva, un protón más que electrones tenía.

Esto es lo que se conoce como ionización ya que **lo convertimos en un ión positivo o catión**.

Si por el contrario el átomo no tiene su última capa llena y, por cualquier circunstancia le llega un electrón nuevo a esta capa quedará cargado negativamente, un electrón más que protones tenía.

Se convierte en un **Ion negativo o anión**.

El carbono, el silicio, el germanio y el estaño tienen en su última capa 4 electrones, se les llama tetravalente porque pueden ceder 1, 2, 3 o 4 electrones.

Lógicamente un material está formado por millones de átomos unidos mediante enlaces.

Todos **los semiconductores tienen sus átomos unidos por enlaces covalentes** y comparten los electrones de su última capa de 2 en 2.

Uno de estos electrones compartidos entre dos átomos por medio del enlace covalente será el que tengamos que arrancar.

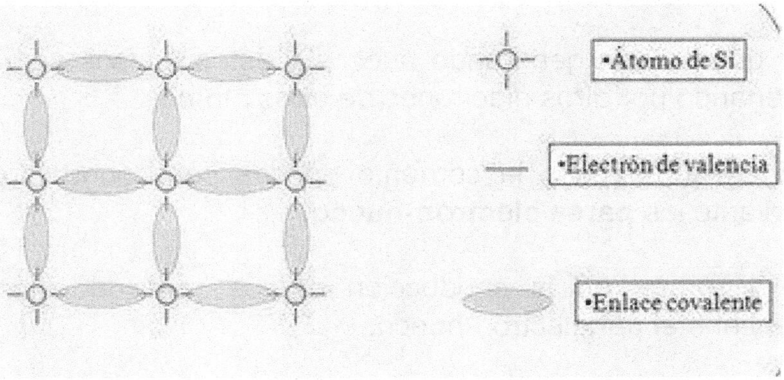

Pero....¿qué pasa entonces cuando el electrón abandona el átomo?

Pues que dejará lo que se llama **un hueco**.

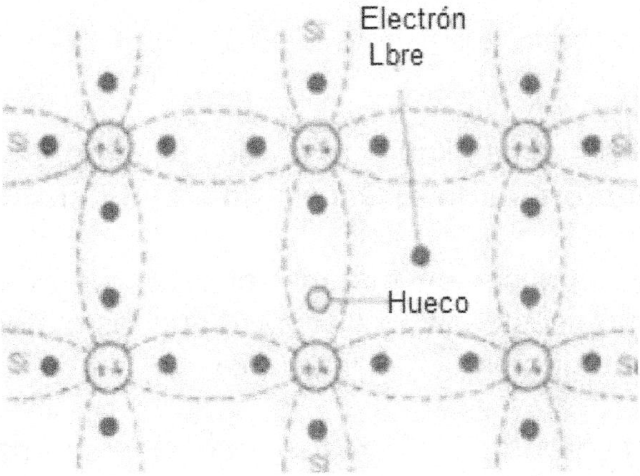

Cuando un electrón se marcha del átomo rompe el enlace covalente de pares de electrones y deja un hueco vacío, fíjate en la imagen anterior caso del silicio

Este hueco puede ser ocupado, más bien lo ocupará, otro electrón que hubiera abandonado otro átomo cercano a él.

Así que se van generando huecos y estos huecos se van rellenando por otros electrones de otros átomos.

Así es como pasa la corriente por los semiconductores, mediante los **pares electrón-hueco.**

Se dice que en la conducción de los semiconductores interviene el par electrón-hueco.

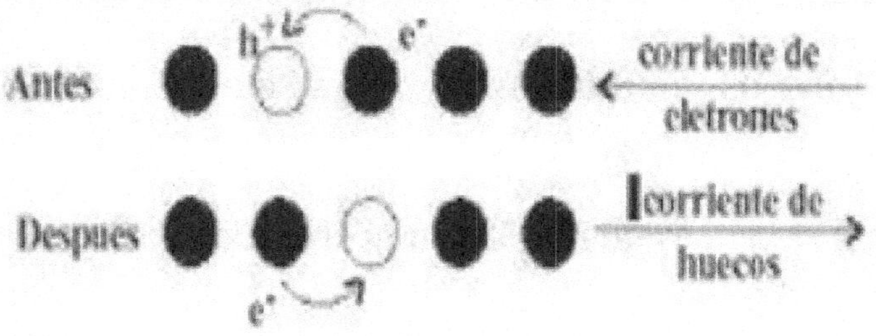

Movimento de Electrones-Huecos

Los dos materiales que más se usan **para fabricar semiconductores son el Germanio y el Silicio**.

Ahora bien, purificar un material al cien por cien requiere procesos muy costosos, lo que hace que los materiales que se usan contengan muchas impurezas.

Por la cantidad de impurezas que posean se pueden clasificar en intrínsecos y extrínsecos.

Semiconductores Intrínsecos

Son los que prácticamente carecen de impurezas; un átomo de impureza por cada 10 elevado a 11 átomos del semiconductor.

Estos semiconductores, que se pueden considerar casi puros **la conducción se realiza por pares electrón-hueco** producido por generación térmica, de modo que cuanto mayor es el calor mayor es la cantidad de portadores de carga libre generados (electrones-huecos) y menor su resistividad, siendo esta a temperatura ambiente (27ºC) de:

- Germanio = 60 ohmios por centímetro.
- Silicio = 150.000 ohmios por centímetro.

El Germanio tiene un ancho de banda prohibida de 0,72 eV (electrón voltios) y el Silicio de 1,12 eV.

Los semiconductores intrínsecos se usan como elementos sensibles a la temperatura, por ejemplo, una termorresistencia (PTC o NTC).

Semiconductores Extrínsecos

Son los que poseen un átomo de impureza por cada 10 elevado a 7 átomos de semiconductor.

Además estos átomos de impurezas, más numerosos que en los intrínsecos, suelen tener 3 o 5 electrones de valencia con el fin de que les sobre o les falte un electrón para completar los enlaces covalentes con los átomos del material semiconductor

Recuerda que son 4 electrones en el enlace covalente..

Al tener portadores independientes de la generación térmica la resistividad de estos es menor que la de los intrínsecos.

Este tipo de semiconductores no se suelen usar para conducción por calor, para eso están los intrínsecos.

- Germanio = 4 ohmios por centímetro.

- Silicio = 150 ohmios por centímetro.

La conductividad de este tipo de semiconductores será mayor cuanto mayor sea el número de portadores libres y por tanto aumentará con el número de impurezas.

Como dijimos anteriormente, los átomos de impurezas suelen tener 3 o 5 electrones de valencia lo que permite subdividir a estos semiconductores extrínsecos en dos tipos diferentes: **Tipo N y Tipo P**.

Tipo N con impurezas con 5 electrones de valencia.

Tipo P con impurezas de 3 electrones de valencia.

Como ves los del tipo N tienen impurezas donadoras de electrones porque proporcionan electrones.

En formación de enlaces covalentes les sobra un electrón.

Los del tipo P tienen impurezas aceptadoras de electrones porque proporcionan huecos.

En la formación de enlaces covalentes, al tener solo 3 electrones que pueden formar enlace, el enlace se queda con un hueco.

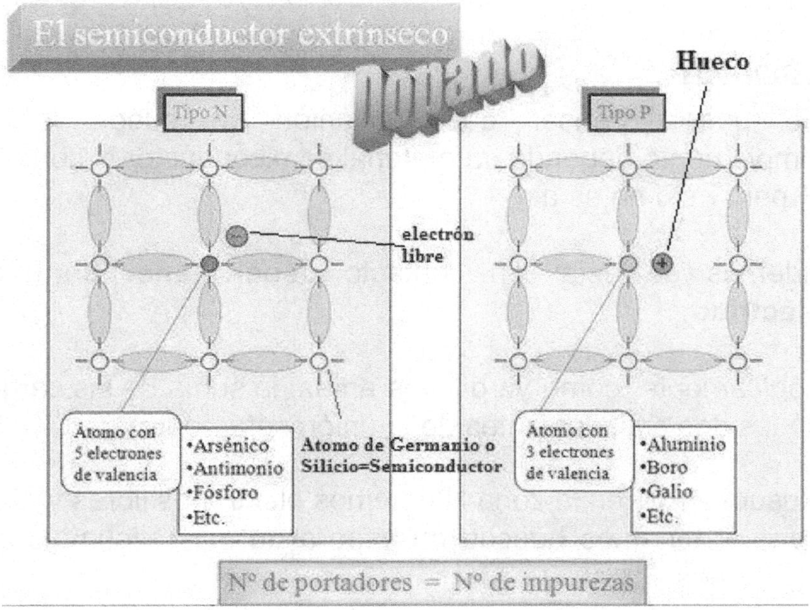

Como los huecos atraen a los electrones, se pueden considerar con carga positiva.

Las impurezas en los del tipo N pueden ser átomos de arsénico, antimonio, fósforo, etc.

Las impurezas en los del tipo P pueden ser átomos de aluminio, boro, galio, etc.
Tanto en uno como en otro, los portadores son las impurezas.

En un caso los portadores son electrones (tipo N) y en otro los huecos (tipo P).

La mayoría de los componentes electrónicos que se usan en electrónica: diodos, transistores, etc, se construyen uniendo semiconductores del tipo P con los del tipo N.

Unión PN

Se podría pensar que la unión se puede formar simplemente pegando un material semiconductor N con otro P, pero esto no es así.

Además de estar en contacto **deben tener contacto eléctrico**.

Lógicamente, como ya dijimos antes, la suma de las cargas de los dos cristales antes de la unión será neutra.

Resumiendo, en la zona N tenemos electrones libres y en la zona P tenemos huecos en espera de ser rellenados por electrones.

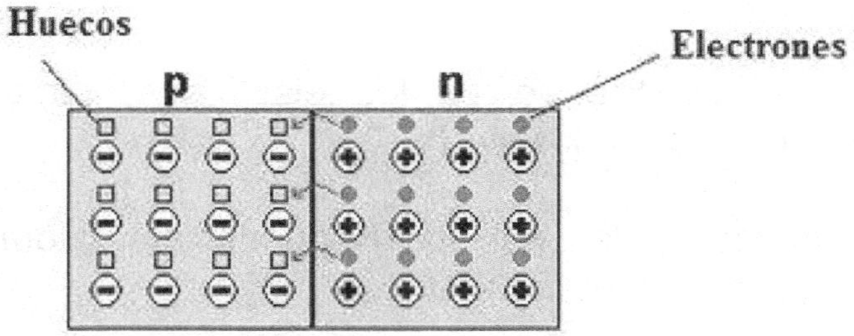

Si ahora los unimos, los electrones del material N, que están más cerca de la franja de la unión, serán atraídos por los huecos de la zona P que están también más cerca de la unión.

Estos electrones pasarán a rellenar los huecos de las impurezas más cercanos a la franja de unión.

Un átomo de impureza de la zona P, que era un átomo neutro, ahora tiene un electrón más llegado de la zona N para formar enlace en el hueco que había en la franja de unión.

Este átomo de impureza ahora quedará cargado negativamente (un electrón más) y se convertirá un anión o ión negativo.

Así mismo un átomo de impureza de la zona N quedará cargado positivamente por que se le ha ido un electrón y se convertirá un catión o ion positivo.

Esto provoca que en la franja de la unión PN tengamos por un lado carga negativa y por el otro positiva.

Negativa en la zona P, que antes de la unión era neutra y positiva en la zona N, que antes también era neutra.

Esta franja con cationes y aniones se llama **región de agotamiento o zona de difusión**.

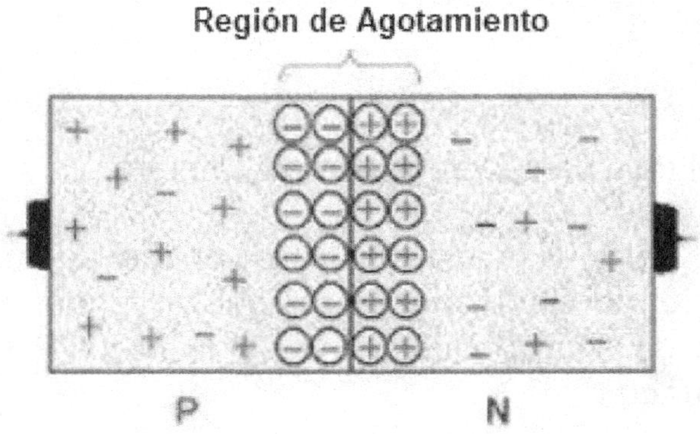

Llega un momento que un nuevo electrón de la zona N intenta pasar a la zona P y se encontrará con la carga negativa de la región de agotamiento en P (los iones negativos formados), que le impedirán el paso (recuerda cargas iguales se repelen).

En este momento se acabará la recombinación electrón-hueco y no habrá más conducción eléctrica por el interior de la unión PN.

Además la zona N que antes era neutra ahora tendrá carga positiva, ya que se han ido de ella electrones.

Y la zona P, que antes también era neutra, ahora será negativa ya que ha recogido los electrones que abandonaron la otra zona.

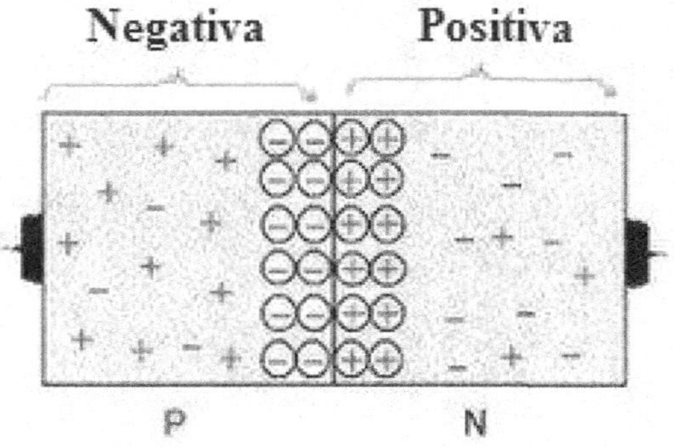

La unión PN deja de ser eléctricamente neutra.

Aún así **la parte N**, fuera de la región de agotamiento, **seguirá teniendo electrones libres** que no forman enlaces con átomos de semiconductor puro **y la parte P seguirá teniendo huecos**.

Por eso en la imagen anterior ves el signo menos en la zona N como el más abundante y el signo + en la P como más abundante (portadores mayoritarios).

OJO en la región de agotamiento habrá cationes y aniones, es decir, un potencial positivo a un lado y un potencial negativo al otro.

Entre N y P habrá una diferencia de potencial (d.d.p.) o tensión.

Ahora podemos imaginar el conjunto de la unión PN como una pila de unos 0,3V o 0,6V dependiendo si el semiconductor puro son átomos de germanio o silicio respectivamente.

Esta supuesta "pila" tendrá su carga positiva en la zona N y la carga negativa en la zona P.

Pero....

¿Qué necesitaremos para que más electrones de la zona N puedan pasar a la zona P?

Pues necesitaremos **suministrarles energía suficiente para que atraviesen la región de agotamiento**, es decir, energía para que sean capaces de saltar esa barrera o superar la tensión producida o vencer la fuerza de repulsión de los iones negativos de la zona P, de lo contrario, no habrá conducción.

Vamos a suministrar esta energía conectando la unión o el diodo a una fuente de energía, por ejemplo una pila o fuente de alimentación.

Polarizar, en general, es aplicar a los extremos de un componente una tensión continua, por ejemplo mediante una fuente de alimentación o pila.

La unión PN permitirá el paso de la corriente cuando se

polariza directamente y no la permitirá cuando está polarizada inversamente.

Polarización Directa: el polo positivo de la fuente a la zona P y el polo negativo a la zona N.

Polarización Inversa: el polo positivo de la pila se conecta al N y el negativo al P.

¿Por qué pasa esto?

La unión PN por sí sola en su zona de agotamiento no hay posibilidad de corriente, ya que no se pueden mover los electrones hacia los huecos.

Si se polariza inversamente la unión PN, es decir, conectar el semiconductor P al negativo de una fuente de tensión externa y el N al positivo, entonces la zona de agotamiento aumenta con el aumento de la tensión polarizada inversamente siendo más difícil el paso de corriente eléctrica.

En este caso la unión PN se comporta como un aislante.

Con la polarización directa pasa lo contrario y por lo tanto si conectamos una pila en el exterior de la unión de tal forma que quede polarizado directamente la unión PN, por su interior pasará la corriente eléctrica (se moverán los electrones de un lado al otro.

En este caso la unión PN es un conductor.

Recuerda que el diodo conduce solo cuando está polarizado directamente.

A esta unión ya la podemos llamar diodo, que es como se conoce en electrónica.

FUENTE DE ALIMENTACIÓN

Ya conocemos todos los componentes necesarios para montar una fuente de alimentación.

La mayoría de los aparatos electrónicos que tenemos, televisores, ordenadores, etc, se conectan a la red eléctrica a 230V de tensión en corriente alterna, pero estos aparatos funcionan en corriente continua y además a tensiones más bajas.

Es por eso que siempre llevan una fuente de alimentación.

Una fuente de alimentación **transforma la corriente alterna en corriente continua**.

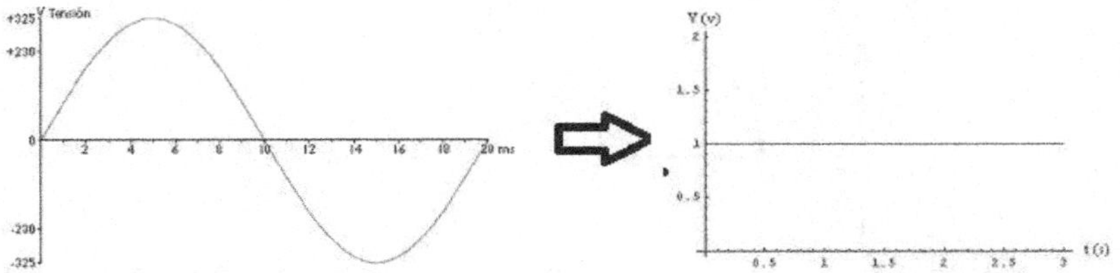

Corriente Alterna   Corriente Continua

www.areatecnologia.com

Sabiendo que la c.a. (corriente alterna) es unas veces positivas y otras negativas, fíjate en la imagen, lo primero que tiene que hacer la fuente de alimentación para convertirla en corriente contínua (cc) es mantener la polaridad, es decir, rectificar la corriente para que sea siempre positiva como lo es en cc.

Para hacer esto **debemos Rectificarla mediante diodos**.

Para rectificar la corriente usamos lo que se llama el circuito de media onda.

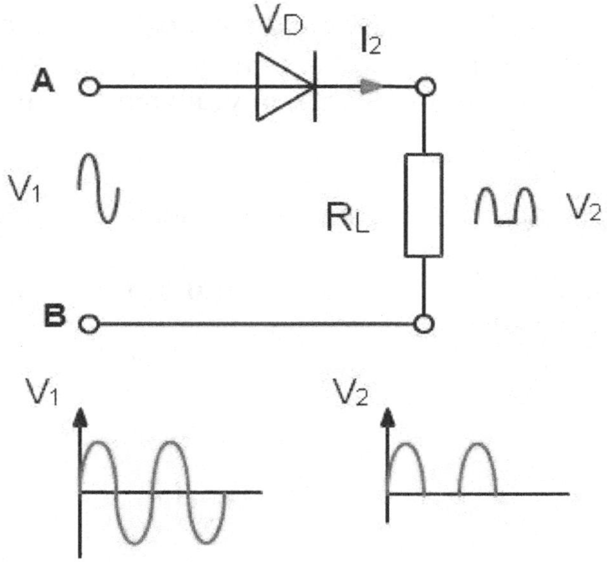

Según el esquema el diodo sólo conduce cuando la tensión en A es positiva y está polarizado directamente.

Cuando en el extremo de arriba o el punto A es negativo el diodo está polarizado inversamente y no conduce.

La V1 es c.a. pero como el diodo solo conduce la corriente en el sentido positivo la onda resultante de la tensión en la salida V2 será rectificada.

Cuando en alterna hay ondas negativas el diodo no deja pasar la corriente.

Ojo, si conectamos el diodo al revés obtendremos la onda negativa en lugar de la positiva.

Ya hemos rectificado la onda de c.a., pero con este circuito estamos derrochando energía ya que solo usamos la mitad de la onda completa.

Por eso vamos a utilizar un rectificador de onda completa.

Fíjate en el circuito siguiente:

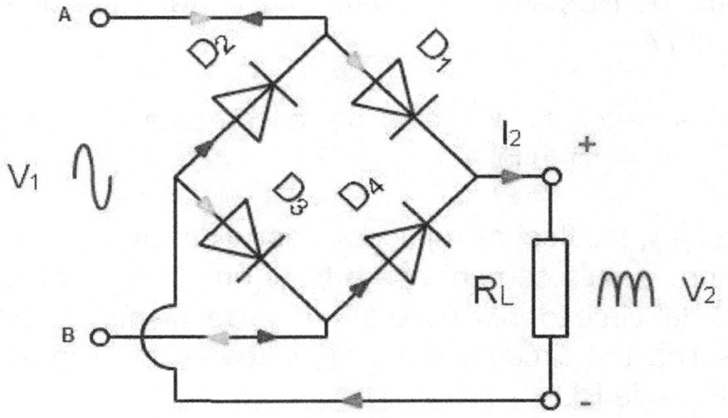

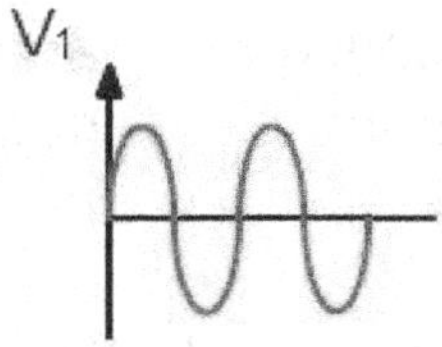

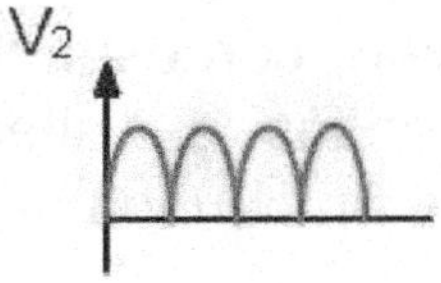

RL = Resistencia de carga

Cuando el punto A sea positivo respecto al B el Diodo D1 queda polarizado directamente y conduce a través de RL (flechas verdes).

Sale de R hacia D3, que también conduce por que estará polarizado directamente y se cierra el circuito por el punto B.

Puedes seguir la dirección de la corriente por las flechas verdes en el circuito.

Cuando el punto A sea negativo respecto al B, la corriente sale del punto B (flecha azul), circula por el diodo D4 que está polarizado directamente y la corriente va RL.

Al salir de RL pasa por el diodo D2 cerrando el circuito por el punto A.

Puedes seguir la dirección de la corriente por las flechas azules en el circuito.

Si te fijas, las flechas rojas es la parte del circuito por donde siempre circula corriente pero fíjate que la corriente por esa parte del circuito, por RL o lo que es lo mismo los extremos de salida del circuito, siempre circula en el mismo sentido del + al - de RL.

Pues bien, con este circuito hemos conseguido aprovechar las 2 ondas en alterna, que siempre sean positivas y además sin pérdida de energía.

Esta configuración de 4 diodos se llama **Puente Rectificador**.

La onda obtenida se llama **onda pulsante**.

Los puentes de diodos se pueden construir o comprar ya montados.

Vamos a ver un puente de diodos montado en un solo componente y su símbolo:

El símbolo es un simple diodo encerrado en un cuadrado, esto para los esquemas nos simplifica mucho el trabajo de dibujarlo.

Ya tenemos lo que queríamos, rectificar una señal de c.a. para que siempre sea positiva y por lo tanto c.c.

Pero si te das cuenta, las ondas en c.c. suelen ser ondas planas, como esta:

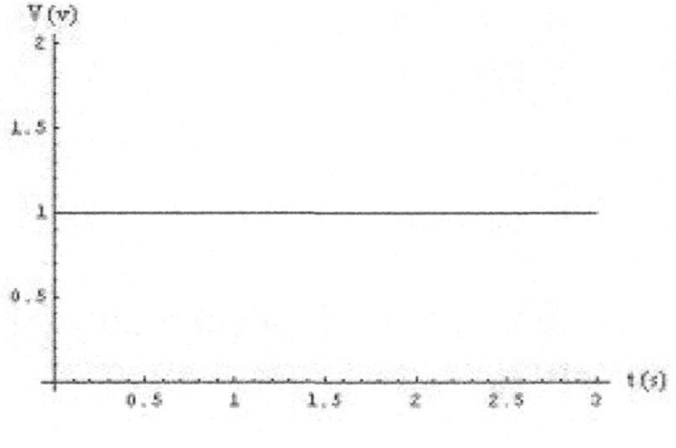

Desde luego nuestra onda no es nada plana, es una

corriente continua pulsante, por eso hay que convertirla en lo más plana posible para que sea auténticamente c.c. y como la mayoría de las que se usan.

Para eso **vamos hacer un filtro de la onda** mediante un condensador.

Veamos el circuito por separado primero:

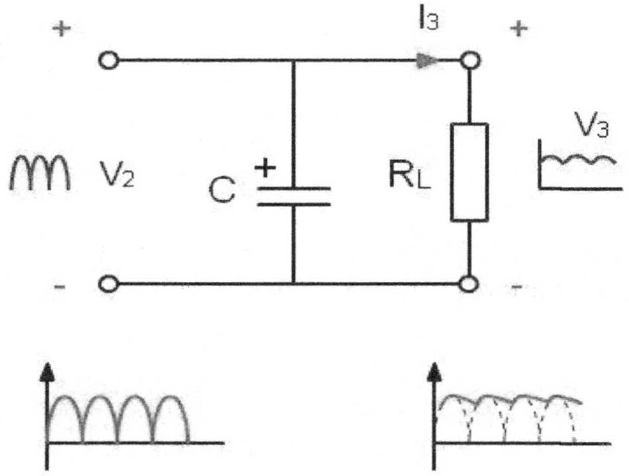

Fíjate que el condensador está en paralelo con la salida.

Tenemos un condensador en paralelo con una resistencia alimentados por una corriente alterna (fíjate en la forma de las ondas en el dibujo).

Expliquemos qué pasa en este circuito.

En el instante inicial el condensador está descargado y la tensión de alimentación lo carga.

Al cabo de un tiempo el condensador estará completamente cargado.

¿Qué pasa ahora?

Ahora el condensador comienza a descargarse por RL, pero casi nada más empezar a descargarse el generador de alterna lo detecta y empieza a cargar otra vez el condensador.

El condensador nunca se descarga por completo.

La Tensión en RL o de salida al estar en paralelo con el condensador será la misma que tenga el condensador, por eso la onda de la tensión de salida será la de la gráfica de la derecha, una onda rectificada, de tal forma que **solo tendrá la cresta de la onda**.

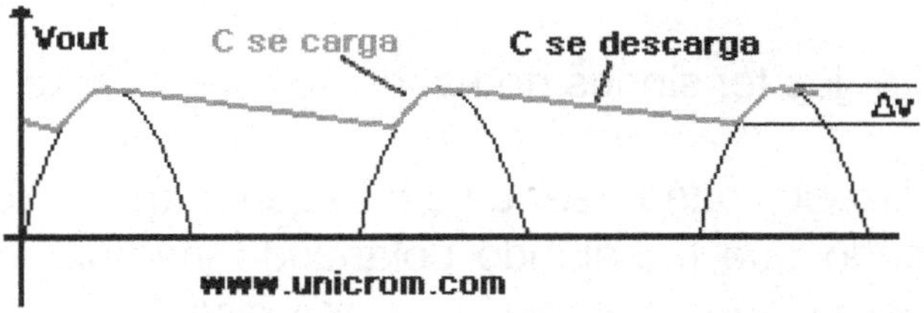

Vemos como el condensador se carga pero justo en el momento en que la señal de tensión en el condensador llega a la máxima, el condensador se descarga sobre la salida suministrando la tensión de salida al propio condensador.

Durante la carga y/o descarga del condensador, al estar en paralelo con RL, la señal de salida será igual a la del condensador, será la media onda de la cresta.

El condensador se está cargando y descargando constantemente.

Este ciclo se repite constantemente.

Si te fijas la señal de salida siempre será alta.

Aun así existen unas pequeñas variaciones en la tensión que se obtiene, llamada **tensión de rizado**, como puedes ver en la imagen anterior.

El factor de rizado es la medida de la cantidad en que se suaviza la onda.

Además se llama tensión de rizado a la variación alterna de la tensión de salida después de rectificada.

Esta tensión de rizado es debida a la carga y descarga de los condensadores, como ya se explicó.

Para evitar las tensiones de rizado se usa un **estabilizador**.

El estabilizador puede ser un diodo zener, que si recuerdas, es un diodo que trabajando polarizado inversamente llega un momento que su tensión permanece fija y no cambia aunque aumentemos la tensión de la pila o fuente que lo alimenta (Vz = Tensión Zener).

Cuando el zener está a la Vzener todo lo que se conecte con él en paralelo estará a la misma tensión que el zener, a una tensión constante y fija.

Veamos el circuito del estabilizador con el zener, donde ya tenemos nuestra señal en c.c. y bien plana.

Fíjate que a parte del esquema están representadas las ondas en cada parte del circuito.

Al lado izquierdo la onda tiene curva, al lado izquierdo ya no tiene las curvas de la cresta de la onda alterna.

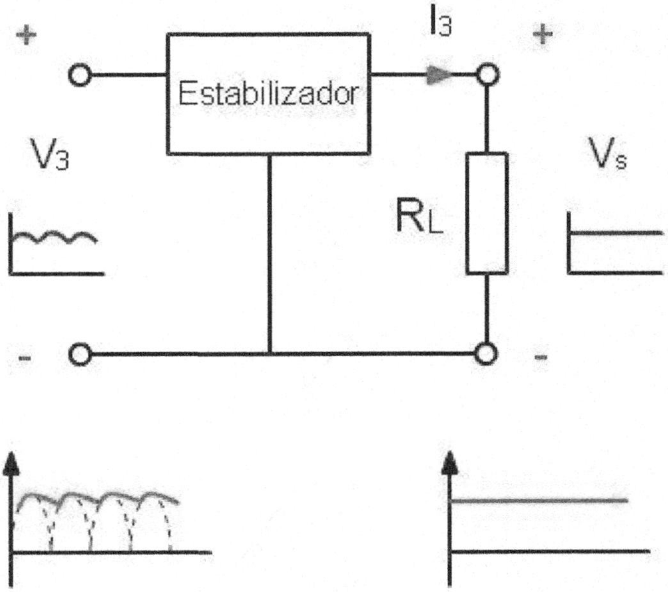

Vamos a **unir esta última parte con el filtro del condensador y con el circuito rectificador** de onda completa y tendremos nuestra fuente de alimentación.

Ver imagen página siguiente.

Hemos añadido un transformador a la entrada para disminuir la tensión antes de llegar al circuito porque lo normal es que nuestra fuente de alimentación esté conectada a los enchufes de casa a 230V y esa es una tensión muy alta..

Los aparatos electrónicos suelen trabajar a tensiones mucho menores de 230V.

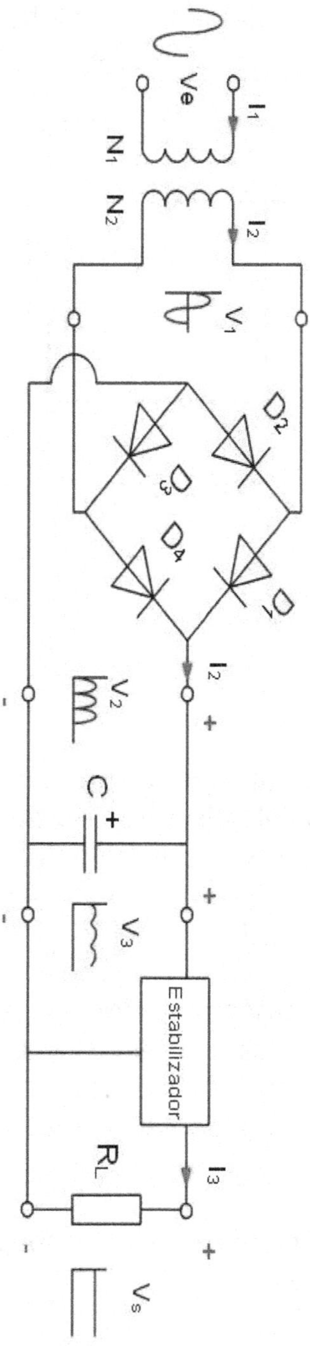

ve
I1
N1
N2
I2
V1
D2
D3
D4
D1
I2
V2
C
V3
Estabilizador
RL
I3
Vs

Imagina que queremos un fuente de alimentación que trabaje a 9V, deberíamos poner un transformador de 230V a 9V en alterna y después el circuito con el rectificador, el filtro por condensador y el estabilizador, para que esos 9V se conviertan en 9V de c.c.

Las etapas o bloques para construir nuestra fuente viene muy bien explicada en el siguiente esquema.

Fíjate en **la onda en cada** una de las **etapas**:

ETAPAS EN LA FUENTE DE ALIMENTACIÓN

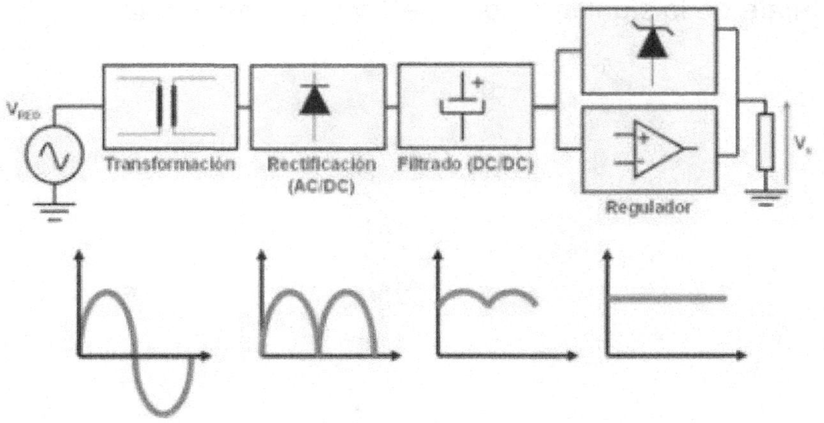

www.areatecnologia.com

Mejoras en la Fuente de Alimentación

Vamos a dejarte un esquema de una fuente de alimentación que puedes construir tú mismo.

Para esta fuente hemos utilizado un regulador de voltaje o tensión, componente que sin importar lo que conectes a su salida mantendrá un voltaje constante en sus terminales.

Concretamente el regulador positivo LM7809 (estabilizador).

Este regulador entrega una corriente de hasta 1,5 amperios y un voltaje de 9 voltios.

¿Te fijas que hay 2 condensadores?

Vamos a explicar el motivo.

Para explicarlo lo mejor es hacer un símil hidráulico de un circuito con 2 condensadores.

Fíjate en la siguiente figura, el símil y el esquema.

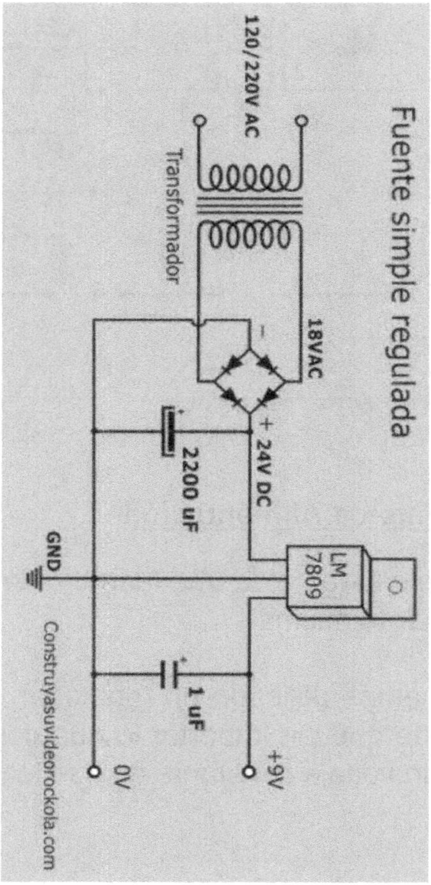

Recuerda que el condensador es un almacén o depósito de energía.

En el esquema siguiente vemos 2 depósitos o condensadores.

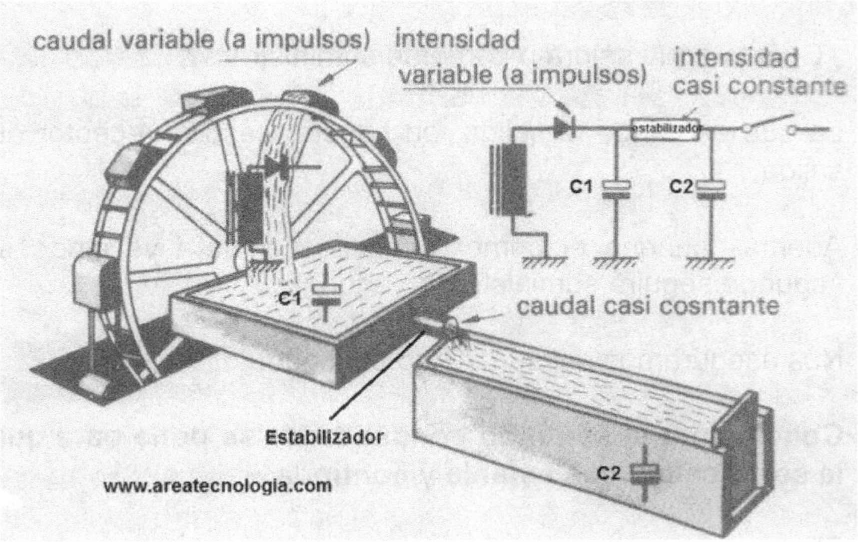

El diodo, en nuestro caso el puente de diodos, suministra una corriente pulsatoria (en el símil la rueda que suministra el agua).

El primer condensador es como el depósito de agua primero, el agua suministrada a impulsos (la corriente en el circuito después del diodo) llega al depósito primero (condensador C1) y se almacena.

Al abrir el estabilizador el suministro es casi constante gracias a que se almacenó antes.

Si colocamos otro depósito más pequeño (C2) a la salida

del estabilizador, a la salida de este depósito el agua saldrá con un caudal más constante al abrir la puerta que el anterior.

En el circuito será la corriente que sale a la salida de la fuente.

¿Cuánto agua saldrá o corriente suministrará?

La que demande la salida, en nuestro caso el receptor de salida.

Además aunque el primer depósito se fuera vaciando el segundo seguirá suministrando agua.

Nos aseguramos del suministro continuo.

Conclusión: el segundo condensador se pone para que la señal salga más estable y continua.

El segundo siempre suele ser un condensador más pequeño que el primero (de menos capacidad, faradios).

Ya tenemos la primera mejora en nuestra fuente de alimentación.

Esta fuente de alimentación es de tensiones de entrada y salida fijas.

¿Y si queremos tensiones variables?

En este caso vamos a utilizar un potenciómetro.

Recuerda, un potenciómetro es una resistencia variable.

El potenciómetro se puede colocar de muchas formas, pero nosotros te proponemos la más usada.

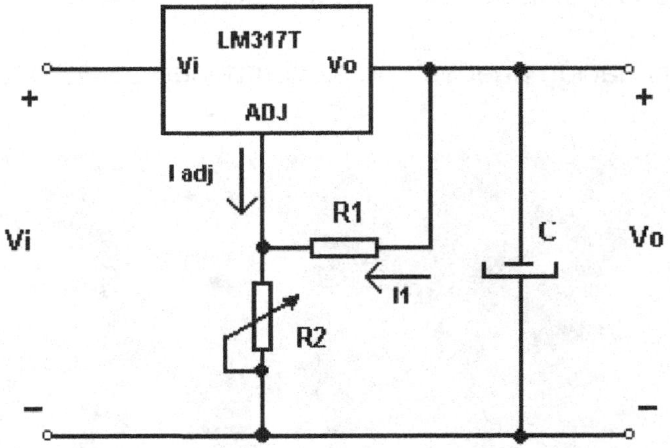

Si te das cuenta la R2 es el potenciómetro, que junto con la R1 que es fija, forman un divisor de tensión para Vo que será la salida de la fuente de alimentación.

En el esquema falta la parte de antes del estabilizador, el condensador, el puente de diodos y el transformador, pero no los hemos dibujado porque así se entiende mejor.

Además en este esquema puedes ver los 3 bornes (conexiones) del estabilizador.

Las recomendaciones para elegir el estabilizador son:

- La tensión entre Vo y ADJ es una tensión fija que depende del estabilizador o regulador que se use.

- La tensión de entrada Vi deberá ser siempre unos 2 o 3 V superior a la de Vo para asegurarnos el correcto funcionamiento.

Ahora con variar nuestro potenciómetro cambiaremos la Vo.

Ya tenemos nuestra fuente de alimentación válida para distintas tensiones de salida, es decir regulable.

A continuación puedes ver los componentes de la fuente:

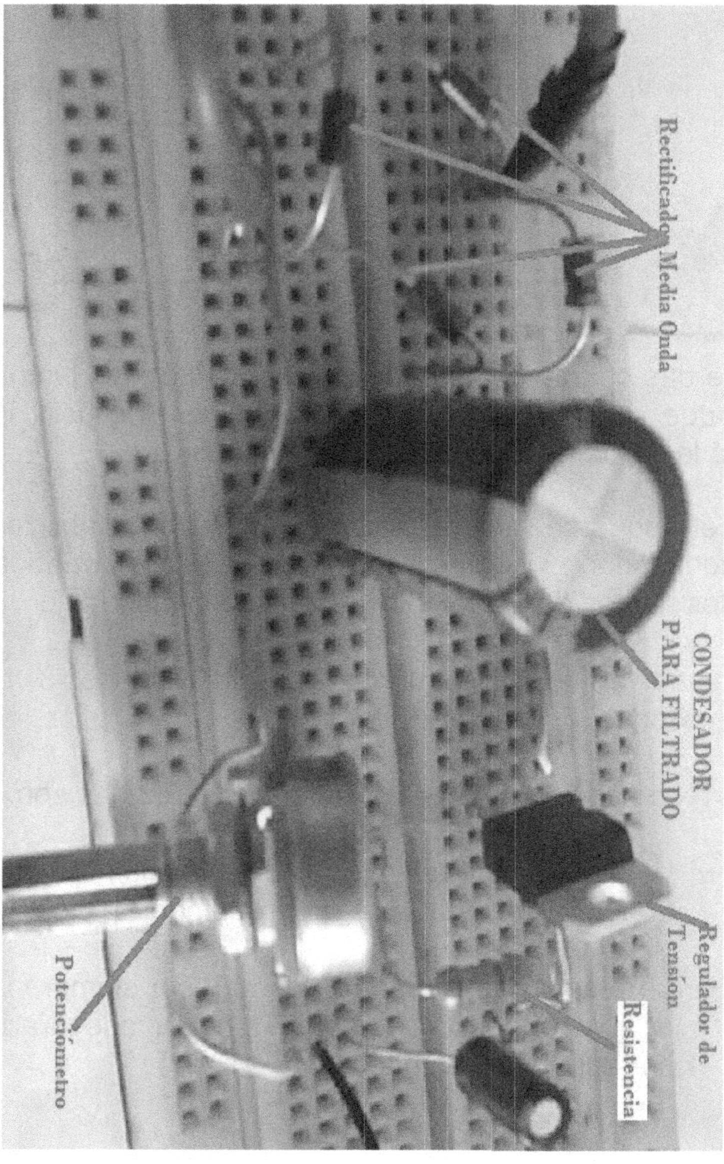

CÁLCULOS COMPONENTES DE LA FUENTE

El Transformador

Primero tenemos que saber que tensión de salida queremos tener y a que tensión de entrada lo vamos a conectar.

Solo con esto es suficiente.

Pero... ¿Y si queremos construir nosotros el transformador?

Pues bien, habrá que calcular el número de espiras necesarias a la entrada y a la salida.

En los transformadores no hay casi pérdidas por lo que la potencia en el primario será igual a la del secundario.

P1 = P2 = V1 x I1 = V2 x I2

Despejando:

V1/V2 = I2 / I1

Imaginemos que queremos trabajar con un receptor de salida que consume 1A y tensión a 9V conectando la fuente a 230V.

I1 = V1/V2 x I2 = 9/220 x 1 = 0,039A

Ya tenemos nuestra intensidad en el primario y todos los datos necesarios para seguir.

La fórmula del transformador es:

V1/V2 = N2/N1

Donde V1 y V2 son las tensiones (expresadas en voltios) de entrada y salida respectivamente.

N1 representa la cantidad de espiras del enrollado primario y N2 las del secundario.

En nuestro caso sabemos que V1/V2 = 24,44.

Pues bien, N1/N2 será también 24,44.

Con un conductor que aguante en el primario 1A y otro en el secundario que aguante 0,039A (siempre algo más) construimos nuestro transformador dándole un número cualquiera de espiras del secundario y calculando el número de espiras que deberá tener el primario para que sea la relación de tensiones que queremos.

Por ejemplo si a N2 le damos 20 espiras, del primario le daremos

N1= 24,44 x 20= 489 espiras aproximadamente.

Diodos Para el Puente Rectificador

Necesitamos determinar la tensión y la corriente máxima de trabajo que han de ser suficientes para nuestro circuito.

Por ejemplo, si queremos construir una fuente de alimentación de 12v y 1A en el secundario necesitaremos un puente rectificador de 4 diodos que soporten al menos 1 amperio y 12v, siempre intentando dejar un margen de al menos un 30%, lo que quiere decir que necesitaríamos uno de 1,3A y 15,6v.

Si estos valores no los encontramos en el mercado, que será lo normal, tendremos que ir a valores mayores, por ejemplo, diodos de 1,5A y de 16V.

El Filtro

Para calcular el valor del condensador podemos utilizar una aproximación bastante buena con la siguiente ecuación:

$$C = \frac{Q}{V_{max} - V_{min}} = \frac{I_{max} T}{V_{max} - V_{min}}$$

En donde:

- **Vmax**: Es el valor máximo de la tensión de entrada que equivale al valor de pico del secundario del transformador (Vpk)
- **Vmin**: Tensión mínima que queremos que tenga la tensión de entrada y que determina el rizado de la fuente.
- **Imax**: Intensidad máxima en el secundario.
- **T**: Periodo de la señal de la red, para 50Hz y rectificador de onda completa son 10 ms. En media onda sería 20 ms.
- **C**: Capacidad del condensador de filtro en faradios.

El factor de rizado es la relación existente entre el valor eficaz de la tensión de rizado y la tensión continua de salida (Vs media).

Se suele expresar en tanto por ciento y podemos considerar óptima (siempre dependiendo de las aplicaciones) una señal de salida con un factor de rizado menor del 10%.

Si tenemos una tensión continua, cuyo valor llamamos VDC, e incorpora sobre ella una tensión de rizado a cuyo valor pico a pico (así denominamos la medida de una tensión sinusoidal cuando nos referimos a la máxima distancia entre el pico superior y el inferior de la misma) llamamos VAC, el valor del factor de rizado (Fr) será:

$$F_r = \frac{V_{AC}}{2.\sqrt{2}\ .V_{DC}} x\,100$$

Y como ya dijimos el Fr también es:

Fr = (Tensión eficaz de rizado / Tensión continua media de salida) x 100 = Vr / Vm x 100; es un valor porcentual (en %).

A la variación del voltaje en los terminales del condensador, debido a la descarga de este en la resistencia de carga o de salida se le llama tensión de rizado.

La magnitud de este rizado dependerá del valor de la resistencia de carga y al valor del condensador.

$$Vr_{ef} = \frac{I}{2.\sqrt{2}.C.F}$$

Donde I es la corriente de entrada, C la capacidad del condensador y F la frecuencia de la onda.

Vref es la tensión de rizado eficaz.

A más capacidad del condensador tendremos más tensión de rizado.

El Estabilizador

Es muy corriente encontrarse con reguladores que reducen el rizado en 10.000 veces (80 dB), esto significa que si usas la regla del 10% el rizado de salida será del 0.001%, es decir, inapreciable.

La tensión de entrada deberá ser 2 o 3V superior a la de salida de nuestra fuente para que funcione correctamente y por supuesto la corriente máxima que soportó mayor a la que usaremos en el receptor de salida.

Suelen usarse **circuitos integrados**, componentes que pertenecen a la electrónica digital y en este libro no tratamos, pero si te interesa tengo otro libro para aprender electrónica digital.

De todas formas al final del libro hablaremos un poco sobre los circuitos integrados.

EL VARISTOR

Un varistor es un componente electrónico que modifica su resistencia eléctrica en función de la tensión que se aplica en sus extremos o patillas.

También se suele llamar por su abreviatura **VDR** (Voltaje Dependent Resistor).

El tipo más común de varistor es el de óxido metálico llamado **MOV**.

Un MOV contiene una masa cerámica de granos de óxido de zinc en una matriz de otros óxidos metálicos como pequeñas cantidades de bismuto, cobalto, manganeso, intercalados entre dos placas de metal llamadas electrodos.

Varistor

VARISTOR = RESISTENCIA DEPENDIENTE DE LA TENSIÓN

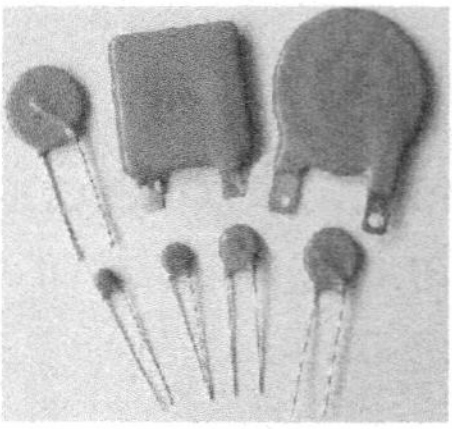

SIMBOLOS

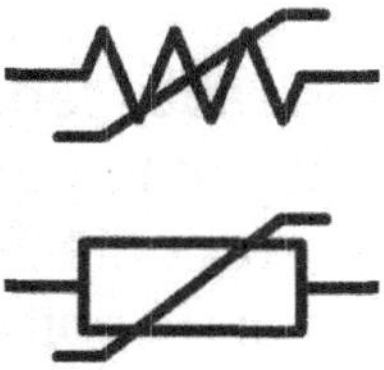

El valor de la resistencia de la vdr disminuye al aumentar la tensión aplicada en sus extremos.

Esto puedes apreciarlo en su curva característica de la siguiente figura.

<u>Curva del Varistor</u>

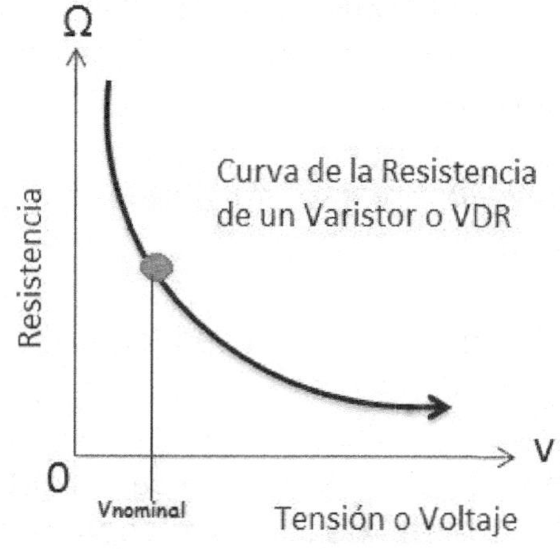

Al aumentar la tensión en sus patillas y llegar a la tensión nominal (Vn) la resistencia disminuye drásticamente

Como puedes observar, cuando la tensión aplicada a través del varistor es mayor que la de su valor nominal, la resistencia efectiva del varistor cae drásticamente.

Continúa disminuyendo a medida que aumenta la tensión aplicada a él.

Veamos su funcionamiento.

Funcionamiento del Varistor

Inicialmente, en su funcionamiento normal, la resistencia del varistor es muy alta, por eso es un elemento que dentro de un circuito y para tensiones inferiores a la nominal se comporta prácticamente como un interruptor abierto.

resistencia muy alta = aislante =interruptor abierto

Cuando el varistor se ve sometido a una tensión mayor a la nominal rápidamente baja su resistencia hasta un valor muy bajo, comportándose como un elemento dentro del circuito en cortocircuito (interruptor cerrado).

Toda la corriente del circuito pasa prácticamente por el varistor al no tener casi resistencia y evita que pase por el resto de componentes del circuito que podrían dañarse por la sobretensión.

Los varistores son componentes utilizados para proteger de sobretensiones.

Si tenemos un circuito que trabaja a una tensión de 9V el varistor debe proteger a los elementos del circuito cuando por algún motivo se sobrepase esta tensión.

Lógicamente la tensión nominal del varistor debe ser un

poco superior a los 9V.

Cada vez que el varistor actúa se ve sometido a una corriente elevada, esto hace que después de actuar para proteger unas cuantas veces (pocas), se suela estropear.

Por este motivo, siempre es recomendable que trabaje dentro de un circuito en serie con un fusible.

En caso de que el varistor se estropee saltará el fusible, si hay una sobretensión.

En los circuitos electrónicos, muchas veces, un fusible fundido es porque detrás de él hay un varistor quemado.

Habrá que cambiar los dos.

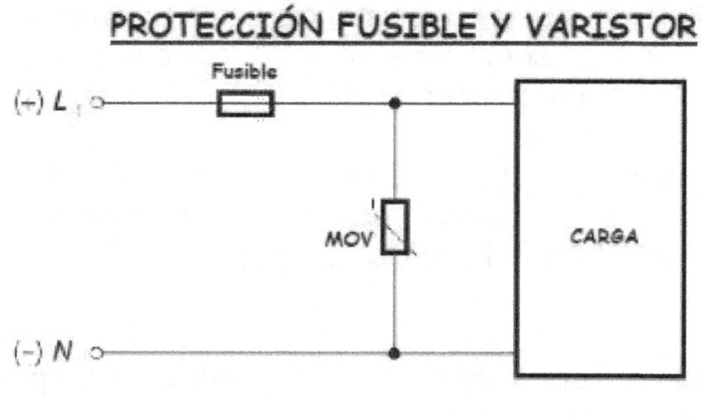

En este primer circuito se conecta un fusible en serie con el circuito a proteger seguido de un varistor en paralelo.

De este modo, cuando la tensión supera el valor nominal, toda la corriente circula a través del varistor provocando el corte del fusible.

Con este método aunque se queme el varistor el resto del circuito queda protegido con el fusible, cosa que no ocurre con el segundo circuito.

Este es el circuito que más se utiliza.

En el segundo circuito que vemos a continuación el fusible se quemará cuando por una sobretensión pase más corriente por la rama del varistor de la que pueda soportar el varistor, pero el fusible solo protege al varistor.

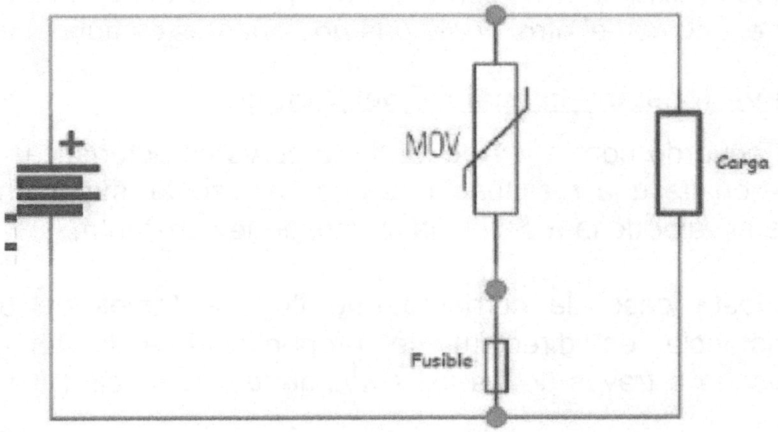

El comportamiento del varistor hace que sea un componente muy bueno para proteger los circuitos durante sobretensiones, por ejemplo por rayos, descargas electrostáticas (electricidad estática) o en el cierre/apertura de elementos inductivos (bobinas).

Hoy en día se utiliza mucho en los aparatos eléctricos y electrónicos para protegerlos de la electricidad estática (teléfonos móviles, televisores. etc.), luego veremos cómo lo consigue.

Aunque el objetivo del varistor es variar su resistencia, el funcionamiento de un varistor es diferente al de un potenciómetro o reóstato.

La resistencia de un varistor es muy alta en condiciones normales de operación.

La de un potenciómetro varía según nosotros queramos (manualmente) entre sus valores máximo y mínimo.

También hay que decir que visualmente el varistor se parece bastante a un condensador, pero no tiene nada que ver el uno con el otro, por lo que no debemos confundirlos.

Curva Tensión - Intensidad del Varistor

De acuerdo con la ley de Ohm, la curva características de tensión de una resistencia es una línea recta, suponiendo que el valor de la resistencia se mantiene constante.

En este caso, la corriente que fluye a través de una resistencia es directamente proporcional a la tensión aplicada a través de los extremos de la resistencia (V = I x R).

En el caso de un varistor, la curva de características de corriente-voltaje no es una línea recta (ver imagen siguiente).

Esto se debe al comportamiento de resistencia inusual del varistor.

En el caso de un varistor, cuando la sobrepase la tensión nominal la curva de intensidad se dispara.

Hasta la tensión nominal, el varistor actúa prácticamente

como un aislante, tiene una resistencia muy grande.

CURVA TENSIÓN-CORRIENTE DEL VARISTOR

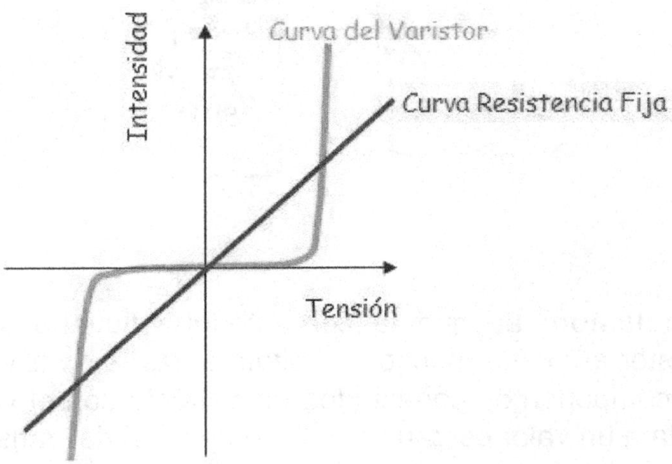

Si el voltaje o tensión aplicada del varistor alcanza su voltaje nominal, umbral o de activación, el comportamiento del varistor cambia del estado de aislamiento al estado de conducción en cortocircuito.

Si te fijas, mientras no se sobrepase la tensión umbral (límite) el varistor no consume nada (no pasa corriente por él), no afectando para nada al circuito donde se coloque.

Solo cuando se alcanza la tensión umbral disminuye mucho su resistencia y por lo tanto empieza su consumo, pero por mucho que intente aumentar la tensión el varistor no lo permite, porque según la gráfica, una vez alcanzada la tensión umbral, es casi la misma siempre.

Recuerda que los receptores conectados en paralelo están todos a la misma tensión.

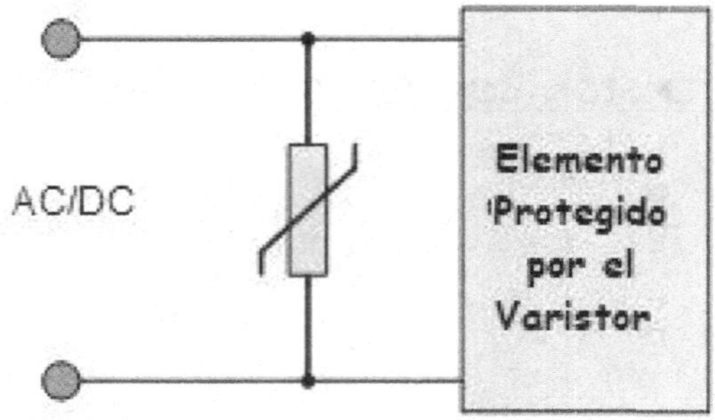

Conclusión: aunque la corriente que fluye a través del varistor aumenta mucho, el voltaje a través de él y de todos los componentes conectados en paralelo con el varistor se limita a un valor cercano al voltaje nominal del varistor.

Esto significa que el varistor actúa como un autorregulador de los voltajes transitorios aplicados a través de él.

La tensión nominal del varistor será la máxima (de bloqueo) que alcanza la carga en paralelo al varistor.

Además si te fijas en la curva, el varistor tiene características simétricas bidireccionales, es decir trabaja igual para tensiones positivas que negativas.

Esto significa que el varistor puede operar o funcionar en cualquier dirección o polaridad de una onda sinusoidal, por lo que se puede utilizar en corriente continua y en alterna.

Esta funcionalidad y su curva es similar a la de los diodos Zener.

Una carga inductiva son aquellas que tienen alguna bobina,

por ejemplo los motores, las reactancias de los fluorescentes, etc.

Estas bobinas almacenan carga eléctrica mientras pasa la corriente por ellas por el fenómeno de la autoinducción y cuando deja de pasar corriente por ellas, esta carga acumulada se descargará por el circuito produciendo picos de tensión que pueden estropear el aparato.

Esto mismo ocurre por ejemplo en un aparato eléctrico o electrónico por acumulación de corriente estática, cuando la corriente estática almacenada en algún aparato se descarga por el circuito.

Estos picos de tensión los podemos controlar mediante el varistor.

En la siguiente imagen puedes ver un circuito para la extinción del arco en contactos mediante una vdr o varistor del tipo MOV.

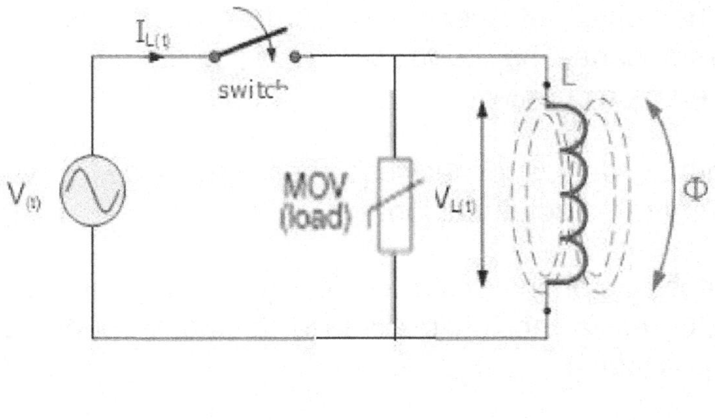

Cuando se abre el contacto del interruptor la bobina, que se ha cargado durante su funcionamiento, desarrolla una fuerza electromotriz elevada debido a la autoinducción que esta posee.

Esta elevada tensión provoca un arco entre los contactos que, con el tiempo, se acaba deteriorando.

La VDR disminuye su valor óhmico drásticamente cuando se produce esta sobretensión, canalizando la energía producida por la bobina a través de la VDR, evitando que se produzca el arco.

Características del Varistor

Nota: En la mayoría de las ocasiones para elegir un varistor debes de tener en cuenta el voltaje al que trabaja, la potencia disipada y la corriente a la que trabaja.

Estos valores deben ser un poco mayores de los que va a trabajar realmente en el circuito.

Así un varistor de 240V será adecuado para una red de 230V.

Dicho esto, al elegir un varistor para una aplicación determinada, hay una serie de parámetros que deben tenerse en cuenta.

Algunas de las especificaciones claves de un varistor se enumeran a continuación:

- Tensión nominal: esta tensión, ya sea declarada como CA o CC, es la tensión máxima a la que se puede utilizar el dispositivo.

Normalmente es mejor tener un buen margen entre la tensión nominal y la tensión de funcionamiento.

- Corriente máxima: esta es la corriente máxima que el dispositivo puede utilizar.

Puede expresarse como una intensidad por un tiempo dado.

Si se sobrepasa el varistor se quema.

- Energía de pulso máxima: esta es la energía máxima de un pulso, expresada en julios, que el dispositivo puede disipar.

- Tensión de sujeción: es la tensión a la que el varistor comienza a mostrar una conducción significativa.

- Tiempo de respuesta este es el momento para que el varistor comience la conducción después de aplicar el pulso.

En muchos casos esto no es un problema.

Los valores típicos son inferiores a 100nS (nanosegundos)

- Corriente en espera: la corriente en espera es el nivel de corriente que es dibujado por el varistor cuando está operando por debajo del voltaje de sujeción.

Normalmente, esta corriente se especifica en un voltaje de operación dado a través del dispositivo.

EL TIRISTOR

Ya hemos hablado de los transistores anteriormente.

Los transistores son los diminutos componentes electrónicos que cambiaron el mundo.

Los puedes encontrar en muchos componentes electrónicos, desde calculadoras y ordenadores a teléfonos, radios y aparatos auditivos.

Son increíblemente versátiles, pero eso no quiere decir que pueden hacerlo todo.

Aunque podemos utilizar transistores para controlar pequeñas corrientes eléctricas (como interruptor), y transformar las corrientes pequeñas en otras un poco más grandes (como un amplificador), **no son muy útiles cuando se trata de manejar corrientes grandes y en corriente alterna**.

Otro inconveniente es que se desconectan por completo tan pronto como se retira la corriente de conmutación o corriente de base, lo que significa que no son tan útiles en dispositivos tales como alarmas en las que se desea un circuito para activar y permanecer de forma indefinida activado.

Para estos casos es donde entra en juego otro componente electrónico llamado "Tiristor" o que también podemos llamar **"Rectificador Controlado de Silicio" (SCR)**.

Hay varios otros tipos de tiristores, incluyendo los llamados diacs y triacs que están diseñados para trabajar con corriente alterna, por lo que los términos Tiristor y SCR no son completamente sinónimos.

Correctamente el **Tiristor SCR** es un tipo de tiristor, **el más utilizado**.

Al final veremos un poco el resto de tiristores diferentes al SCR.

Pero empecemos a estudiar el tiristor.

Un tiristor es un componente electrónico que conduce la corriente eléctrica en un solo sentido (como un diodo) y que además **para que conduzca** en ese sentido **tiene que ser activado con una pequeña corriente eléctrica** (como un transistor).

Podemos decir que es un interruptor que se activa (abre o cierra) eléctricamente, pero **a diferencia del transistor, se puede utilizar con grandes corrientes y/o potencias** de salida.

Luego veremos que hay más diferencias con el transistor.

Las corrientes que controlan los tiristores pueden ser de 100A (amperios) o más.

Se dice que los tiristores son biestables, porque tienen dos posiciones y unidireccionales, porque conducen en una sola dirección.

Ahora veamos como es el componente en realidad y su símbolo electrónico con una breve descripción de su funcionamiento.

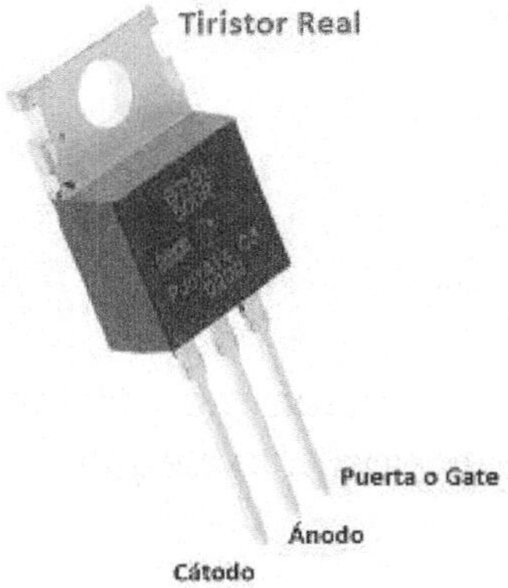

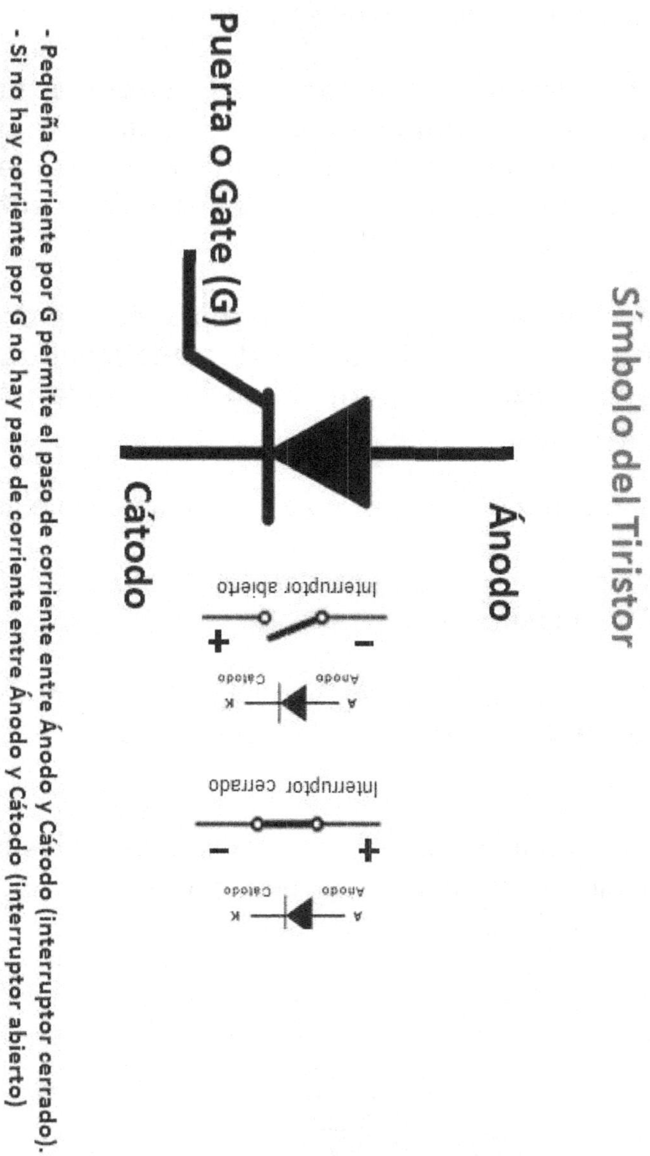

Como ves tiene tres conductores o patillas llamados ánodo (polo positivo = A), cátodo (polo negativo = K), y puerta o gate (G).

También se pueden llamar fuente, drenaje y puerta (algo parecido al emisor, colector y base del transistor).

Activación del Tiristor

Cuando llega una pequeña corriente a la puerta G se activa el tiristor (interruptor cerrado entre ánodo y cátodo) y comienza a pasar una corriente entre el ánodo y el cátodo llamada corriente directa.

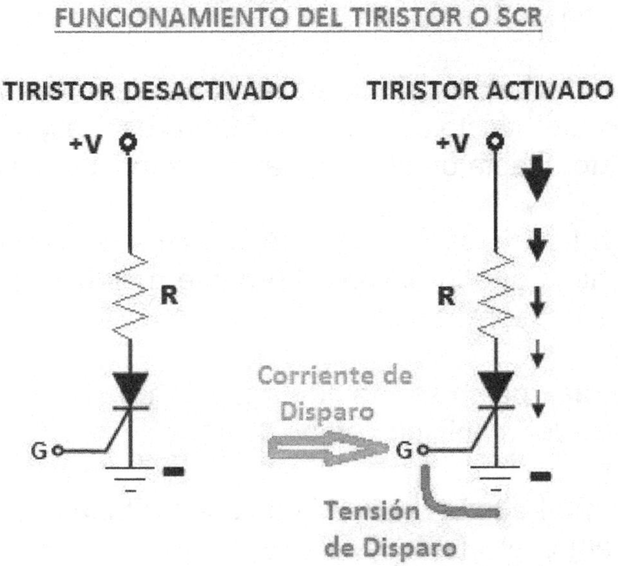

R será la carga (por ejemplo una lámpara o un led) que se quiere activar con el tiristor

Mientras no le llegue corriente a la puerta G no habrá corriente entre el ánodo y el cátodo (interruptor abierto).

El interruptor es el ánodo y el cátodo; y la puerta G es la que lo cierra o la abre (activación) por medio de una señal eléctrica.

Desactivación del Tiristor

Pero además tiene otra diferencia con el transistor.

Una vez que el tiristor se activa permanece activado (interruptor cerrado) aunque cortemos la corriente por la patilla o puerta G.

En el transistor cuando le deja de llegar corriente a la base se desactiva.

Si queremos que deje de pasar corriente entre el ánodo y el cátodo del tiristor, la única forma es desconectando la corriente directa de alguna manera como luego veremos.

Con un transistor, cuando una pequeña corriente fluye en la base, hace que un flujo de corriente más grande se genere entre el emisor y el colector.

En otras palabras, actúa como un interruptor y un amplificador al mismo tiempo.

Lo mismo hace un tiristor, la puerta controla la corriente que fluye entre el ánodo y el cátodo, pero como hemos visto tiene varias diferencias.

OJO el tiristor debe siempre estar polarizado directamente, es decir, el ánodo al positivo y el cátodo al negativo para que pueda empezar a pasar la corriente entre ellos al activarlo, ya que es en el sentido que deja circular corriente entre ánodo y cátodo.

Si está polarizado indirectamente nunca pasará corriente entre el ánodo y el cátodo aunque tengamos corriente en la puerta G.

La corriente necesaria (o mínima) que tiene que llegar a G para activar el tiristor es lo que se conoce como "**Corriente de Disparo**".

Podríamos hablar de la tensión a la que se activa, en lugar de corriente (ya sabes que para que exista corriente necesitamos una tensión), en este caso se llamará "**Tensión de Disparo**".

Otra característica del tiristor es que la tensión o corriente de disparo no es fija, a mayor corriente de disparo (corriente por G = Ig), menor será la tensión de disparo o ruptura Vr.

Fíjate en la gráfica siguiente:

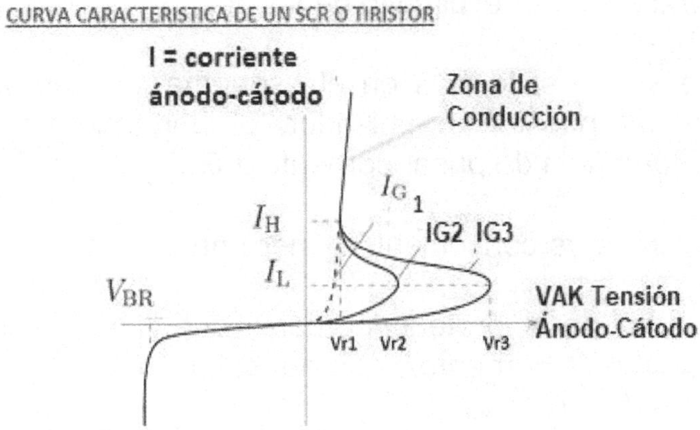

Ig = Corriente en la Puerta G

Ig1>Ig2>Ig3

Vr = Tensión de disparo (entra en conducción)

Vr1<Vr2<Vr3

Para un tiristor polarizado directamente, la inyección de una corriente por la puerta G al aplicar una tensión positiva entre la puerta G y el cátodo (K) lo activará.

Si aumentamos la corriente en G disminuirá la tensión de disparo del tiristor.

Fíjate en el siguiente circuito básico de la página siguiente con las corrientes y las tensiones.

Una vez que el tiristor se activa y pasa corriente por la lámpara (entre ánodo y cátodo); la señal de la puerta G pierde todo el control debido a la acción de enganche de los dos transistores internos (que forman el ánodo y cátodo), es decir se auto-bloquea.

Por eso decíamos que una vez activado da igual si deja de pasar corriente por G, la corriente de salida "I" seguirá circulando por el circuito de salida.

De hecho si te fijas en el esquema para activar la puerta hemos puesto un pulsador, al apretarlo se activa y al soltarlo deja de pasar corriente a G.

También es conveniente poner una resistencia en serie con la
puerta para protegerla para que no le pueda llegar demasiada corriente y quemar el tiristor.

Ahora ya podemos usarlo como alarma.

¿Recuerdas?

La aplicación de corriente por la puerta momentáneamente, es suficiente para hacer que se realice y se mantenga de forma permanente "ON" incluso si la señal de puerta se elimina por completo.

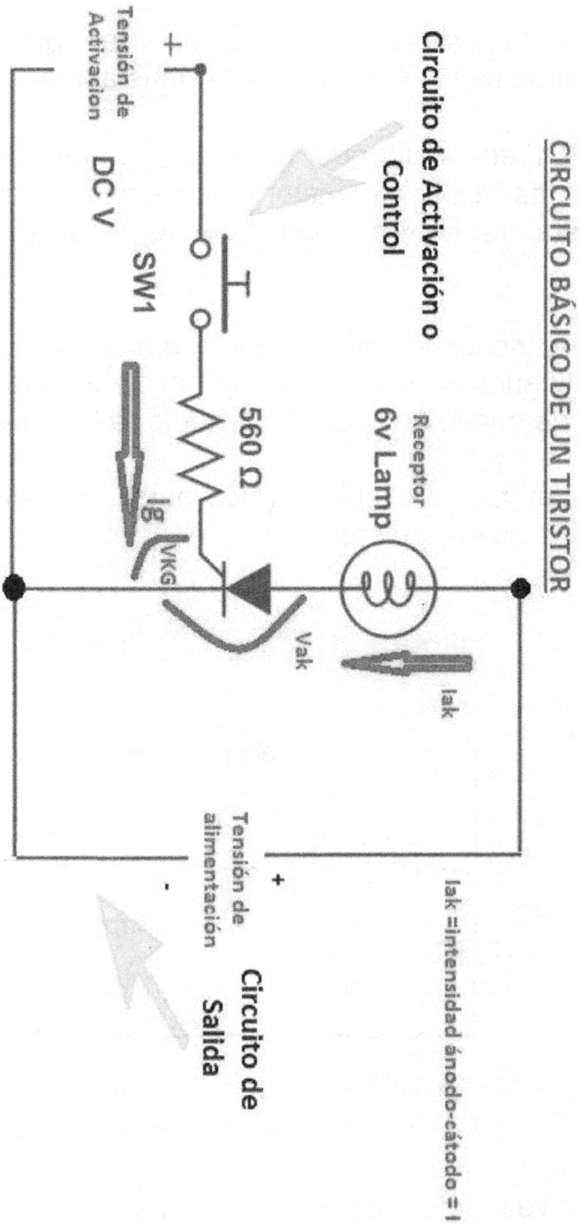

Para desactivarlo tenemos que cortar la corriente en el circuito de salida, es decir, que deje de tener corriente entre el ánodo y el cátodo (desconectarlos).

Por ese motivo se suele poner un interruptor también en el circuito de salida (ver imagen de más abajo).

También es cierto que hay una corriente de ánodo por debajo de la cual el tiristor deja de estar activa sin llegar a 0V, esta corriente se llama "**corriente de mantenimiento**" (IH).

Una vez desconectado, si ahora queremos volver activar el tiristor deberemos tener cerrado el circuito de salida y hacer llegar de nuevo una señal (corriente) a la puerta.

Normalmente el circuito básico para un tiristor en corriente continua es el siguiente:

CIRCUITO BASICO DE UN TIRISTOR

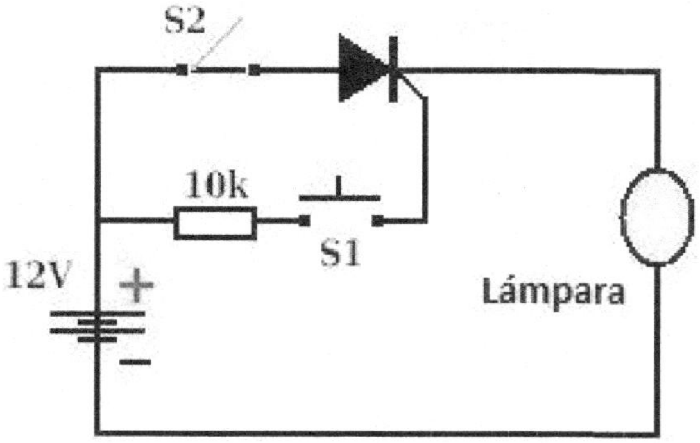

S2 Pulsador de desconexión del Tiristor
S1 Pulsador Desconexión Señal Activación

Como ves sólo empleamos una pila o alimentación en

continua tanto para el circuito de salida como para el de activación.

Además hemos puesto un pulsador en el circuito de salida para poder desconectar por completo el tiristor en caso de necesitarlo.

El Tiristor como Rectificador

La mayoría de las aplicaciones de los tiristores o/y los SCR son para controlar un circuito de alimentación o salida en corriente alterna (interruptor).

Como ya dijimos, el tiristor solo conduce si está polarizado directamente, es decir, si el ánodo está al polo positivo y el cátodo al negativo.

¿Qué pasaría si la tensión de alimentación y activación fuera la misma y en corriente alterna?

Fíjate en el siguiente circuito en la página siguiente y luego vamos a explicar su funcionamiento paso a paso:

Durante el semiciclo positivo de la fuente de corriente alterna (c.a.) el ánodo del tiristor o SCR es más positivo que el cátodo y están polarizados directamente.

Si ahora le llega una señal suficiente a la puerta el tiristor se activará y pasará corriente de entre ánodo y cátodo.

Al principio del ciclo positivo de la onda como no le llega la suficiente corriente a la puerta el tiristor estará desactivado.

Llegará un momento que le llegue la suficiente corriente o tensión (tensión de disparo) y es entonces cuando el tiristor se activará.

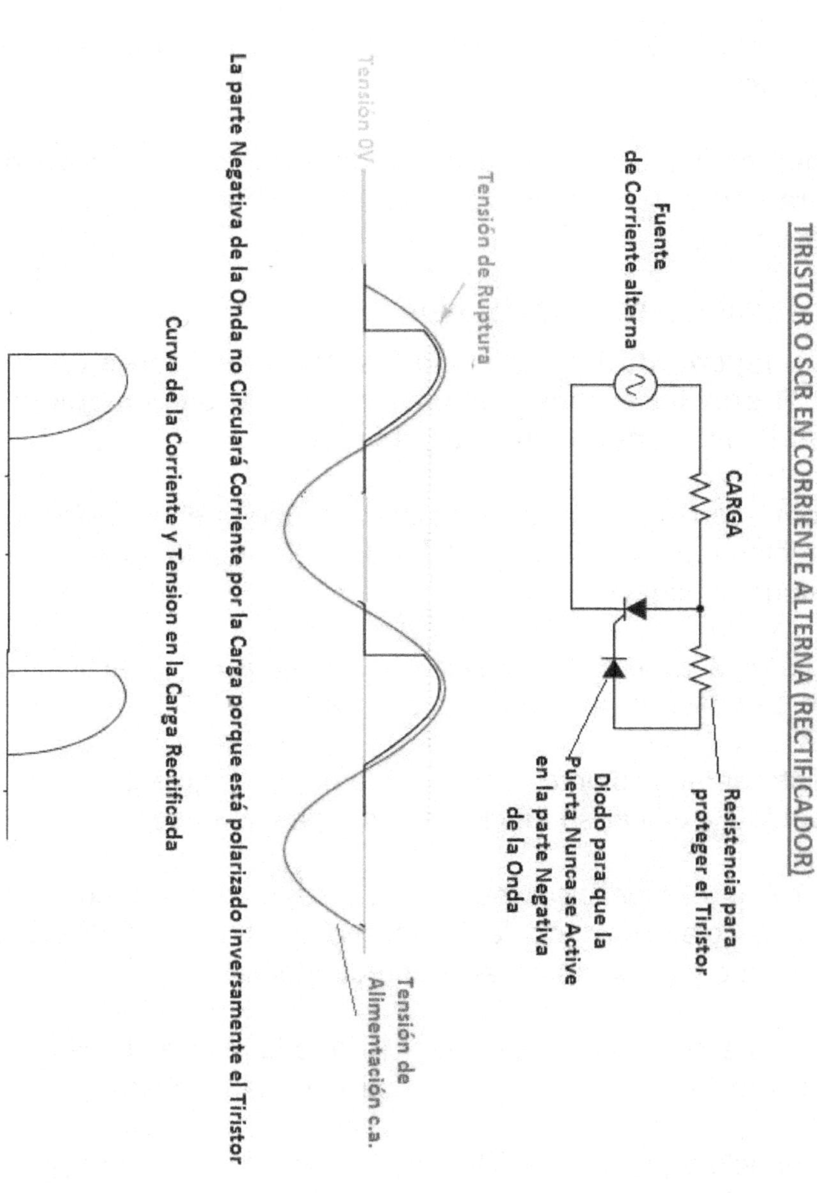

Una parte de la onda no estará en la salida al principio.

Al pasar por cero, mejor dicho por el valor de la corriente de mantenimiento IK, el tiristor se desconecta (sin corriente de salida = interruptor abierto).

Durante el otro medio ciclo la polaridad de la fuente es negativa, y esta polaridad hace que el tiristor o SCR quede inversamente polarizado lo cual impide que circule cualquier corriente hacia la carga.

Esto significa que no puede estar en conducción por más de medio ciclo.

Al volver al ciclo positivo necesitamos activar de nuevo el tiristor con una pequeña corriente en la puerta pero, como está conectada también a la fuente de tensión en alterna, la propia fuente nos la genera.

Pues resulta que en la parte de la onda positiva de corriente alterna circula corriente y por la parte negativa no circula corriente haciendo el tiristor de rectificador, ya que la onda de salida quedaría rectificada (solo la parte positiva).

Para evitar que a la puerta le llegue corriente inversa podemos hacer el circuito de activación a través de un sencillo diodo simple para que entregue corriente a la puerta G solo en una dirección y además esta corriente estará un poco desfasada con respecto a la de salida por culpa del receptor o resistencia de salida.

Si no colocamos el diodo puede que el tiristor se active con una tensión inversa y esto no debe ocurrir.

Fíjate que en la curva característica del tiristor de la figura anterior también hay una pequeña corriente inversa, de la que no hablamos.

El tiristor así usado es realmente al que se conoce como SCR.

Hay unos **tiristores especiales que son capaces de conducir en los dos sentidos** (bidireccionales) y en este tipo la onda de salida o carga en corriente alterna tendría una componente positiva y también otra cuando la onda es negativa.

Estos tiristores se llaman "**TRIAC**" , que veremos un poco más adelante.

¿Cómo es un Tiristor por dentro?

Ya hemos visto cómo funciona el tiristor, pero no hemos estudiado como lo hace realmente.

Para todos aquellos que tengan interés vamos a explicarlo.

Es muy importante para entenderlo que conozcas perfectamente los semiconductores tipo P, tipo N y la unión PN que ya vimos anteriormente.

Damos por hecho que ya lo sabes, así que empezamos.

Un tiristor es la unión de 4 semiconductores P y N alternativamente como se ve en la figura de la página siguiente.:

Si te fijas es como si tuviéramos la unión de 3 diodos simples D1,D2 y D3.

D3 sería el formado por los dos semiconductores intermedios NP.

Si ponemos una tensión positiva en A y una negativa en K

los diodos D1 y D3 están polarizados directamente permitiendo la circulación de la corriente, pero el D2 no lo permite porque está inversamente.

Estructura Interna de un Tiristor

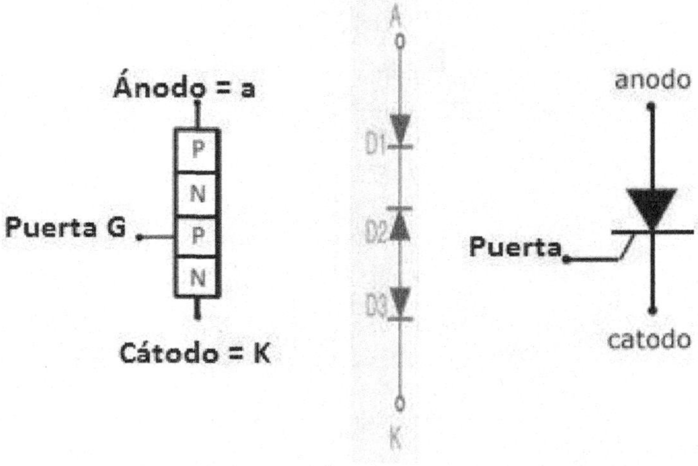

Estrutura Interna

Solo circulará corriente cuando polaricemos directamente el D2 mediante una señal en la puerta, que es cuando habrá corriente entre ánodo y cátodo.

El cebado o conducción del tiristor o la saturación de los transistores que lo forman, se consigue cuando se vence la polarización inversa de la unión N-P interna, para lo cual es preciso aplicar un impulso adecuado y en este caso positivo a la zona P desde el exterior y a través de la puerta.

Cuando el impulso positivo aplicado a la puerta del tiristor satura los dos transistores que contiene, el tiristor se comporta prácticamente como un interruptor cerrado.

La misión de la puerta G es polarizar y adelantar el momento de disparo, es decir de la puesta en conducción, pero después de esto ya no tiene ninguna función.

TIRISTOR

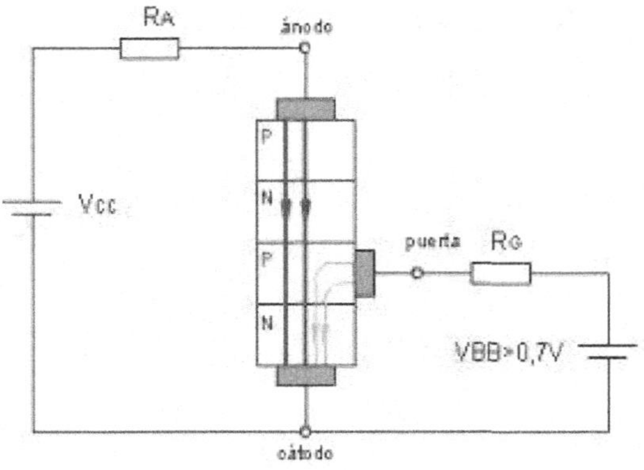

Si se inyectan portadores de carga en la zona P (huecos) la zona de difusión de D2, se reducirá y como consecuencia, también se reducirá la tensión de disparo.

Tipos de Tiristores

Como dijimos al principio, el principal tiristor que hemos estudiado aquí es el Tiristor SCR, pero tenemos otros como:

- **Tiristor SCR**: estudiado en este libro.

- **Tiristor GTO** : soluciona el problema de que para desactivar la corriente de salida hay que cortar el circuito de salida.

En este tipo de tiristores, cuando deja de llegar la corriente por Gate se corta la corriente de salida, igual que si fuera un transistor.

- **Triac**: es ideal para utilizarlo como interruptor en corriente alterna, ya que permite el paso de los ciclos + y - de la corriente al ser dos tiristores conectados antiparalelo.

- **Diac**: son dos diodos conectados en antiparalelo, tienen 2 terminales sin polaridad llamados A1-A2.

Se puede considerar como un interruptor bidireccional que no entra en conducción hasta que no se ha superado su tensión de disparo, que suele ser de 30V.

Suele conectarse en serie con la gate del triac para gestionar el ciclo de disparo del triac.

Diferencias entre el Tiristor y el Transistor

- Normalmente se utiliza el transistor para corriente continua y el tiristor para corriente alterna.

- Cuando trabajamos con grandes corrientes de salida se suele utilizar el tiristor, en lugar del triac.

- En el tiristor (excepto el GTO) no se corta la corriente de salida cuando deja de llegar la corriente a la puerta o gate.

En el transistor si no le llega corriente por la base no hay corriente de salida entre el colector y el emisor.

- En el Tiristor la corriente de salida no depende de la cantidad de corriente que le llega a la gate.

En el transistor, durante su etapa de conducción hasta la de saturación, la corriente de salida depende de la cantidad de corriente por la base.

Cuanto mayor sea la corriente de disparo menor será la tensión de disparo, ya que se introducen menor cantidad de portadores en relación al tiempo.

EL TRIAC

El TRIAC **es un componente electrónico semiconductor de tres terminales para controlar la corriente**.

Su nombre viene del término TRIode for Alternating Current = Triodo Para Corriente Alterna.

Podríamos decir que un triac se utiliza para controlar una carga de CA (corriente alterna), semejante a como un transistor se puede utilizar para controlar una carga de CC (corriente continua).

En definitiva es un interruptor electrónico pero para corriente alterna.

Los triac se utilizan en muchas ocasiones como alternativa al relé.

Su funcionamiento básico es cerrar un contacto entre dos terminales (ánodo 1 y 2) para dejar pasar la corriente (corriente de salida) cuando se le aplica una pequeña corriente a otro terminal llamado "puerta" o Gate (corriente de activación).

Se seguirá permitiendo que la corriente fluya hasta que la corriente de salida disminuya por debajo de un valor determinado, llamada corriente umbral, o se corte la corriente totalmente de alguna forma, por ejemplo con un interruptor o pulsador como luego veremos.

TRIAC

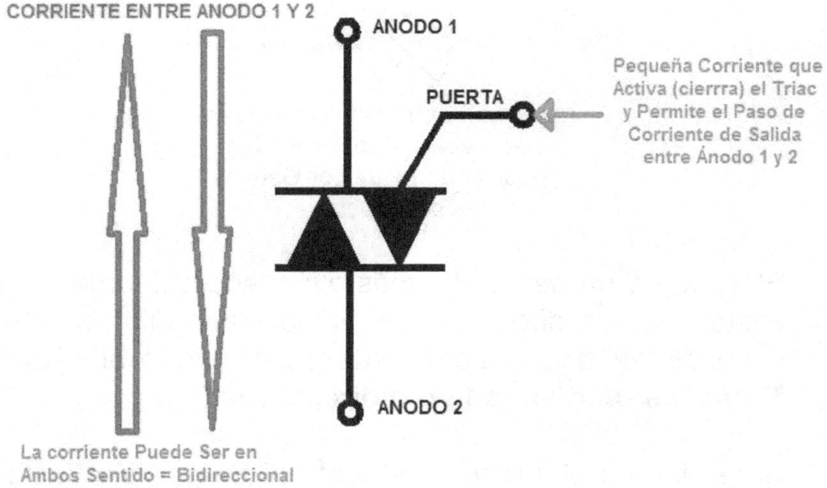

En el ánodo 1 y 2 se coloca el elemento de salida que queremos controlar con el triac (una lámpara, motor, etc.).

Fíjate en la siguiente imagen donde usamos un triac como interruptor para encender una lámpara o bombilla.

Es un circuito muy básico, pero que nos sirve para entender su funcionamiento.

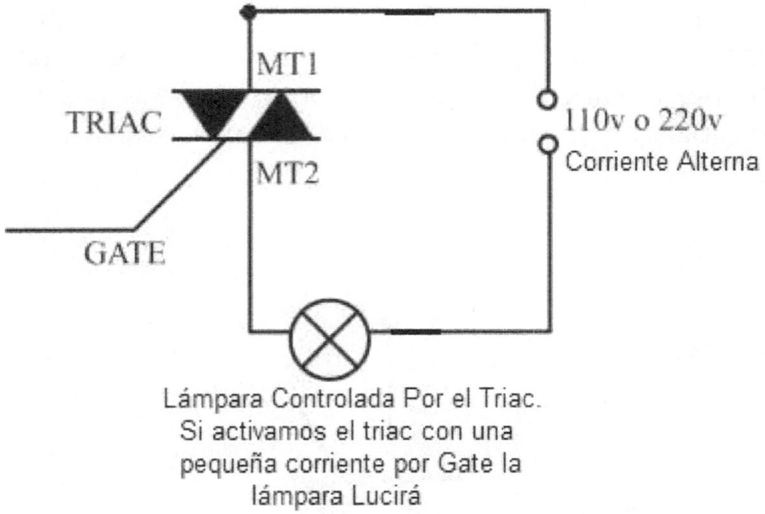

El Triac es un desarrollo más avanzado del famoso SCR o tiristor, pero a diferencia del tiristor, que sólo es capaz de conducir en una dirección (desde el ánodo al cátodo), **el TRIAC es un dispositivo bidireccional**.

Si te fijas en el símbolo es como si fueran dos tiristores o scr (son lo mismo) en antiparalelo (o dos diodos).

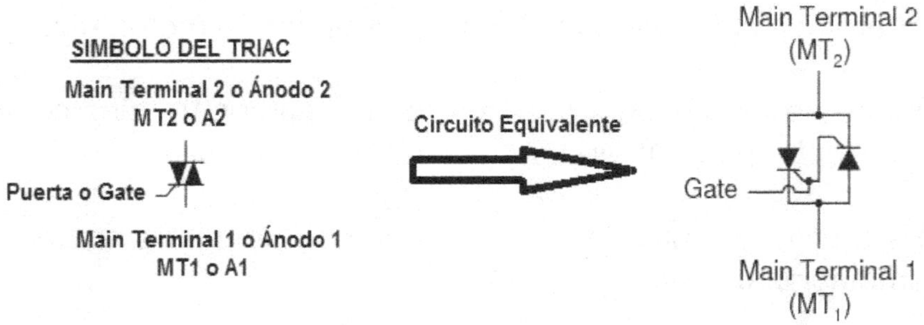

El triac tiene 3 patillas, Puerta, A1, A2 (Ánodo 1 y Ánodo 2, en este caso no se llama ánodo y cátodo.

Es muy común llamar a los ánodos Terminal o Main Terminal (terminal principal) y a la Puerta Gate.

Puedes encontrar el símbolo donde la puerta está hacia el otro lado, pero es exactamente lo mismo.

Fíjate cuando tenemos polarizado el MT1 al positivo y el MT2 al negativo (representado en la imagen de color rojo).

POR EL TRIAC PUEDE PASAR CORRIENTE EN LOS DOS SENTIDOS

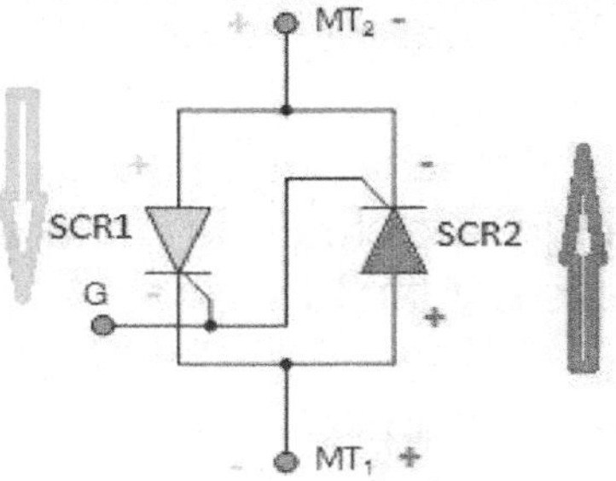

Hemos llamado a los dos tiristores SCR1 y SCR2. Podemos pensar también que son dos diodos aunque sean dos tiristores.

Si pensamos como si tuviéramos dos diodos (scr1 y scr2), resulta que el scr2 está polarizado directamente y conduce, el scr1 está polarizado inversamente y no conduce o no permite el paso de la corriente a través de él.

En este caso el sentido de la corriente de salida será hacia arriba, representada de color rojo.

Si ahora cambiamos la polaridad del triac, es decir ponemos el - en MT1 y el + en MT2 (de color azul) ahora el que conduce es el scr1 y scr2 no conduce.

La corriente de salida tendrá el sentido hacia abajo o la representada de color azul.

Como ves, cualquiera que sea la dirección (o polaridad) de la corriente de salida que intenta pasar por el triac, esta puede pasar.

Cualquiera que sea la dirección de la corriente que intenta pasar por el triac, si el triac está activado, se comportará como un conductor, dejando que esta fluya.

Se comporta como un interruptor cerrado.

Si trabajamos con una corriente alterna , la polaridad del triac irá cambiando según el ciclo de la onda senoidal de la ca, pero en ambos casos el triac funciona.

Por este motivo es ideal para utilizar en c.a.

Como ves en la imagen siguiente el triac conduce en las zonas marrones de la gráfica.

Al principio no conduce ya que al ser dos scr o tiristores necesitan una corriente mínima para que se comporten como conductores.

Ojo esta corriente mínima no tiene nada que ver con la de activación (Igt).

Es una corriente que necesita el tiristor para comportarse como conductor.

Recuerda que la onda de corriente alterna senoidal tiene una frecuencia (se repite) de 50Hz, es decir se repita 50 veces cada segundo, por lo que ese pequeño espacio que no conduce casi no se nota.

FUNCIONAMIENTO DEL TRIAC

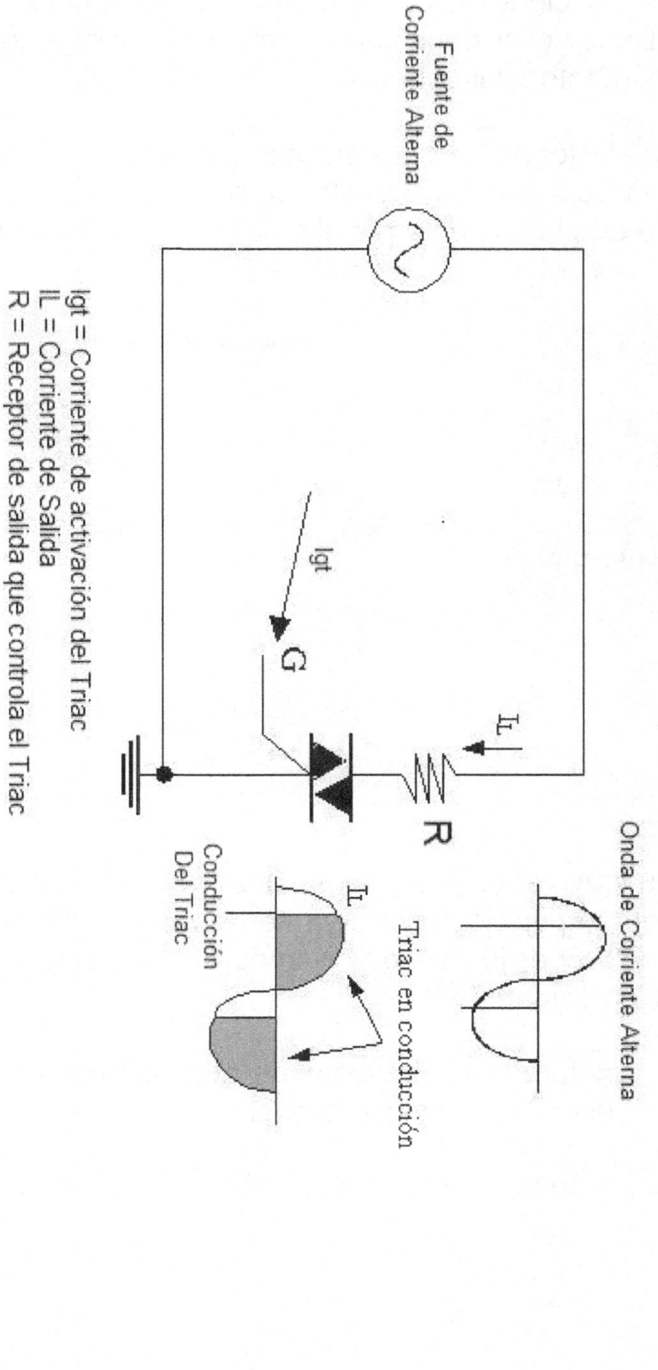

¿Cuándo dejará de circular corriente por el triac?

Solo cuando la corriente que pasa por los diodos caiga por debajo de un cierto valor llamado corriente umbral o de mantenimiento, o si de alguna forma somos capaces de cortar la corriente totalmente.

Esta segunda forma se podría hacer colocando a la salida del triac un pulsador o interruptor cerrado y al pulsarlo que se abra y corte la corriente por el triac (como en la siguiente imagen).

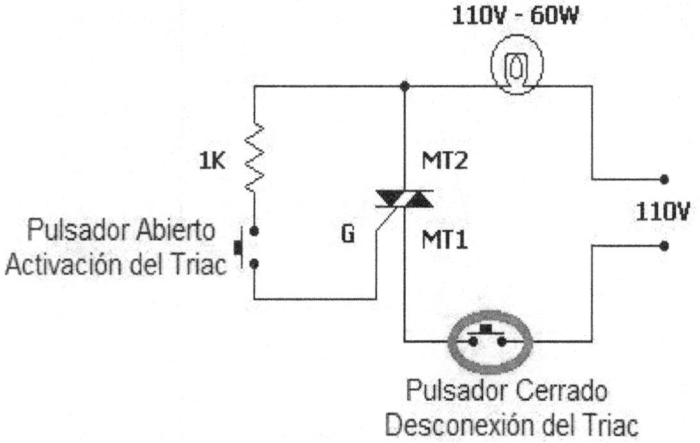

¡OJO! Aunque ahora dejemos otra vez el interruptor cerrado, en su posición inicial, ya no circulará corriente por el triac hasta que de nuevo volvamos a meter la corriente de activación por la puerta.

Entonces tenemos una corriente de activación, necesaria para activar el triac a través de la puerta.

Esta corriente se suele llamar Igt.

También tenemos una corriente de salida que pasa por el triac, que puede ser en un sentido o en otro.

Esta corriente se suele llamar Ih, positiva o negativa en función de su sentido.

Esta se suele llamar corriente normal de trabajo.

Estos valores dependen de cada triac y se pueden ver en la hoja de datos proporcionada por el fabricante.

Es importante conocerlas y **saber las corrientes máximas que puede soportar el triac para no sobrepasarlas ya que podríamos quemar el triac**.

También conocer las patillas sin son el ánodo 1, el 2 o la puerta.

Puedes ver la imagen de un triac real.

TRIAC REAL

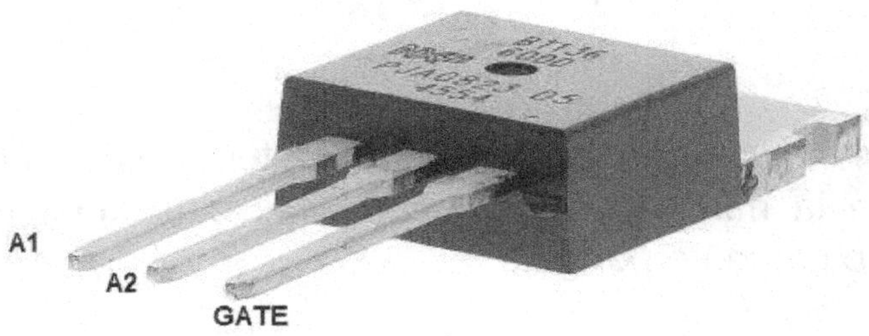

Todo esto que hemos dicho para corrientes podría trasladarse de idéntica manera para las tensiones.

Por ejemplo corriente mínima de activación, se podría trasladar a tensión mínima de activación entre la puerta y otro de los dos terminales del triac o que el triac dejará de conducir cuando la tensión entre los dos ánodos baje por debajo de un umbral.

Fíjate en la curva de disparo para tensión y corriente en un triac:

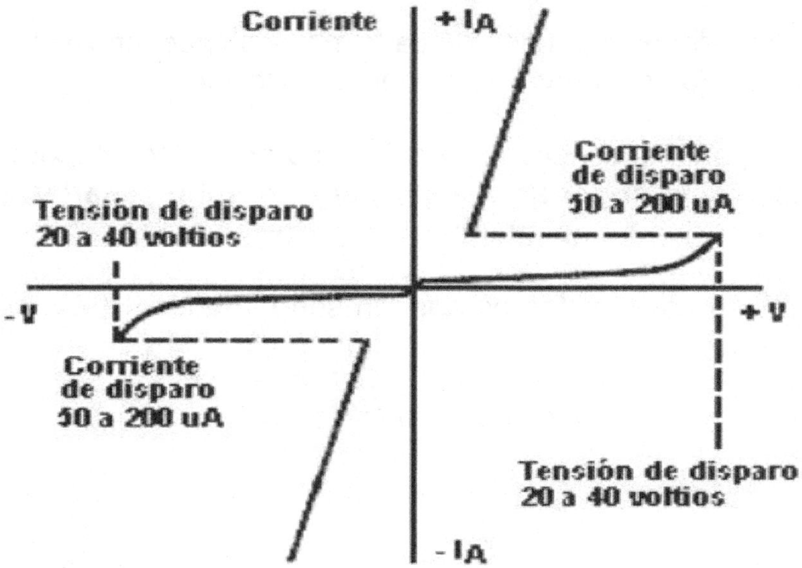

Lógicamente un triac no tiene sólo una tensión de disparo, a partir de la mínima podemos activarlo con cualquier otra tensión o corriente por gate.

Pero todo esto explicado con las tensiones lo puedes ver mucho mejor explicado en el video de la parte de abajo.

El triac es fácil de usar y ofrece ventajas de coste sobre el uso de dos tiristores para muchas aplicaciones de baja potencia.

Cuando se necesitan potencias superiores, casi siempre se utilizan dos tiristores colocados en "anti-paralelo".

Son múltiples los usos del triac, pero por citar algunos:

- Para reguladores de luz.

- Para controles de velocidad de un ventilador eléctrico.

- Para controles de motores pequeños.

- Para el control de pequeños electrodomésticos.

- Para el control de temperatura, control de iluminación, control de nivel de líquido, los circuitos de control de fase, interruptores de potencia, etc.

Estas son algunas de sus principales aplicaciones.

Tiristor Vs Triac

Mientras que el tiristor solo puede controlar la corriente en uno de los dos ciclos de una onda de corriente alterna (onda senoidal, el positivo o el negativo) el triac puede controlar la corriente en los dos ciclos de la onda.

En definitiva podemos usar el triac en el ciclo completo de la onda senoidal de corriente alterna.

El tiristor solo puede controlar una de las dos ondas, en la otra no hay corriente (onda negativa) y el Triac puede controlar el estado en las dos ondas (+ y -).

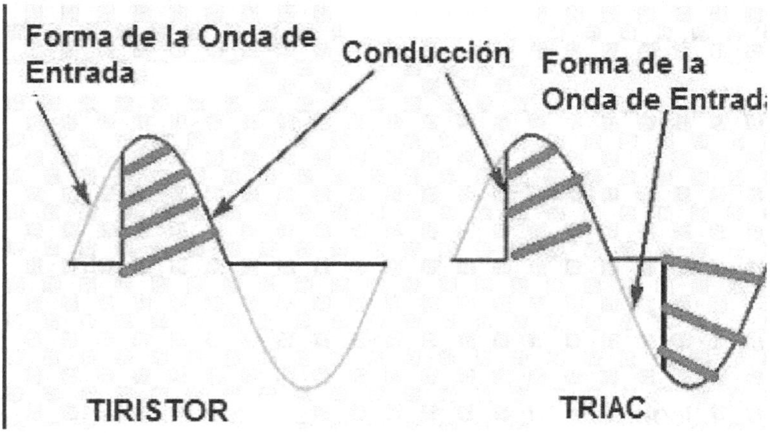

Como ves en la curva de la izquierda (tiristor) se activa y permite el paso de la corriente durante el ciclo positivo de la onda (ciclo de arriba) en el negativo no hay paso de corriente, solo tenemos onda positiva de salida.

En la figura de la derecha, el triac, podemos controlar la corriente en las dos ondas y tenemos onda positiva y negativa de salida.

EL MOSFET

Otro componente electrónico parecido al triac y al tiristor es el MOSFET, siendo probablemente el componente activo más importante de la electrónica moderna.

La principal ventaja del transistor MOSFET es que **utiliza baja potencia** para llevar a cabo su propósito y la disipación de **la energía en términos de pérdida es muy pequeña**.

Esto hace que sea un componente importante en los modernos ordenadores y dispositivos electrónicos como los

SmartPhone, relojes digitales, pequeños juguetes de robot y calculadoras.

El mosfet conduce corriente eléctrica entre 2 de sus patillas **cuando aplicamos tensión** en la otra patilla, llamada Gate.

Es un interruptor que se activa por tensión.

Así de sencillo.

En la siguiente imagen puedes ver dos tipos de mosfet:

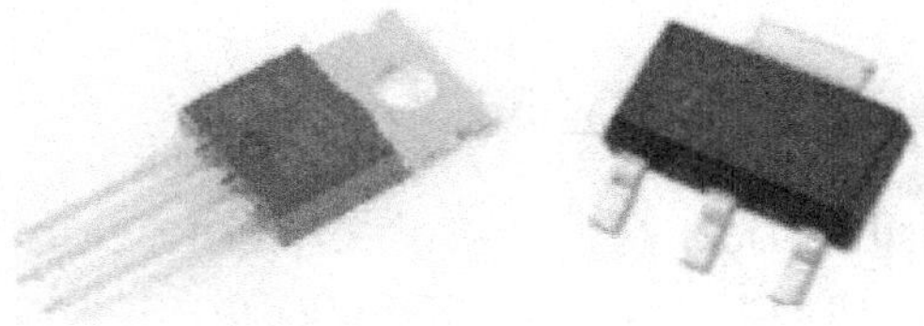

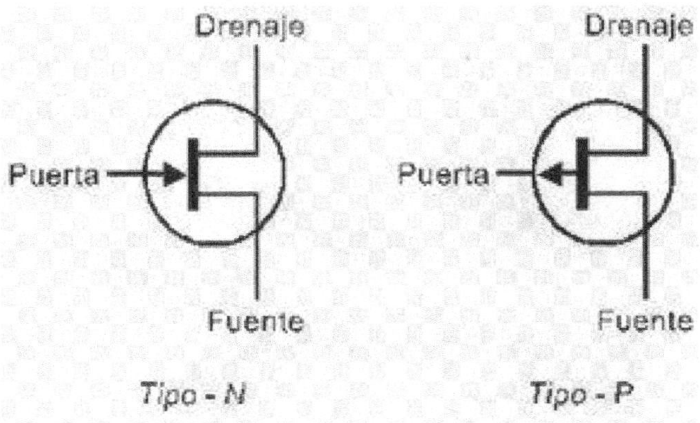

Las otras dos patillas se llaman sumidero (entrada) y drenaje (salida).

El Mosfet controla el paso de la corriente entre una entrada o terminal llamado fuente sumidero (source) y

una salida o terminal llamado drenador (drain) mediante la aplicación de una tensión (con un valor mínimo llamada tensión umbral) en el terminal llamado puerta (gate).

Al aplicar tensión conduce y cuando no hay tensión en la puerta no conduce.

El transistor de efecto de campo se comporta como un interruptor controlado por tensión, donde el voltaje aplicado a la puerta permite hacer que fluya o no corriente entre drenador y fuente.

CIRCUITO INTEGRADO 555

Un circuito integrado (CI), también conocido como chip o microchip, es un circuito electrónico complejo en forma de una pastilla pequeña de material semiconductor encapsulado o envasado en una sola pieza.

Esta pieza es una carcasa de la que salen unas patillas que servirán para conectar el circuito integrado al circuito.

Un ejemplo de circuito integrado lo tenemos en el procesador de los ordenadores, en cuyo interior se albergan varios millones de transistores, en un espacio más pequeño que la uña del pulgar.

La ventaja de los circuitos integrados es que son muy baratos y se pueden usar para una gran cantidad de circuitos.

Uno de los más usados en las prácticas de electrónica es el 555.

También se puede llamar circuito integrado 555, datasheet 555, temporizador 555, integrado 555, circuito generador de pulsos, timer 555, 555 chip y algún nombre más con el que suele aparecer por ahí.

Este circuito integrado se utiliza para activar o desactivar circuitos durante intervalos de tiempo determinados, es decir se usa como temporizador.

Para ello, lo combinaremos con otros componentes cuyas características y forma de conexión en el circuito, determinarán la duración de los intervalos de tiempo del 555, y si estos intervalos se repiten continuamente o no.

Ejemplos para los que podemos usar el 555 son: luces intermitentes, regular el tiempo que tarda en apagarse una luz, ajustar el tiempo en una tostadora, etc.

Los 555 tienen 8 patillas o pines que se deberán conectar al circuito dependiendo de cómo queremos que funcione.

Fíjate que es muy importante identificar el circulito y la muesca para saber identificar las patillas correctamente.

La patilla 1 siempre es la que está más cerca del circulito y a la izquierda de la muesca.

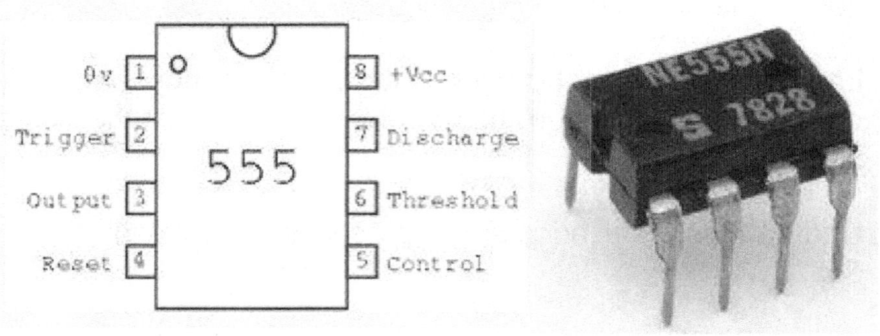

A partir de ahí es muy fácil identificar el resto, ya que seguido a la patilla 1 está la 2, 3 y 4.

En la otra cara, la más alejada del circulito y empezando por la de arriba, tenemos la 8, 7, 6 y 5.

OJO es muy importante no confundir las patillas.

Las Patillas del 555

Ahora explicaremos el funcionamiento general de cada patilla, pero no te preocupes si no lo entiendes muy bien, más adelante explicaremos el 555 conectado en un circuito y verás como lo entenderás perfectamente.

Fíjate en la página siguiente:

PATILLAS DEL CIRCUITO INTEGRADO 555

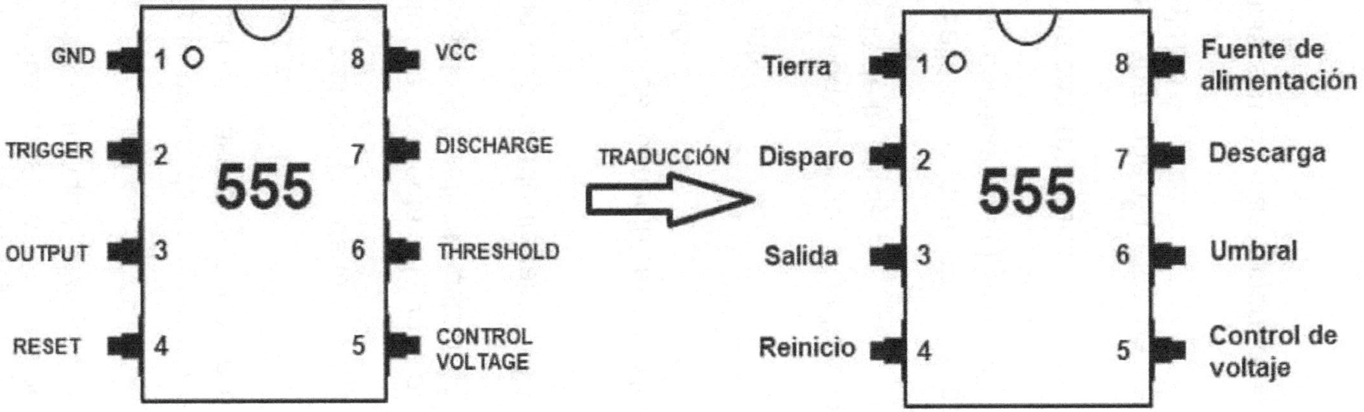

Las patillas tienen su nombre en inglés, pero como ves en la imagen de arriba nosotros te hemos hecho una traducción al Español, aunque siempre se nombran en inglés.

Patilla 1 GND: Es la patilla de la conexión a Tierra y a ella siempre se conecta la masa o el negativo de la pila (0V = cero voltios).

Patilla 8: V+, (Vcc), o el positivo de la pila.

Es el pin donde se conecta el voltaje o tensión de alimentación que va de 4.5 voltios hasta 16.

Alguna versión de 555 puede llegar a 18 Voltios, pero es muy raro.

Ya sabemos como se conecta a la pila o fuente de alimentación nuestro 555.

Veamos las otras patillas.

Patilla 2: Disparo (trigger): esta patilla hará que se active o no la señal de salida de la patilla 3.

Patilla 3: es la Salida. Lo que obtendremos a la salida dependerá de cómo conectamos el circuito integrado 555.

Luego veremos más concretamente.

Lo importante es saber que en esta patilla recogemos la señal de salida del 555.

Estas cuatro patillas son las más importantes para entender los circuitos.

Patilla 4: Reset (reset). Si por algún motivo esta patilla no se utiliza hay que conectarla a Vcc para evitar que el 555 se "resetee".

Resetear = Reiniciar

Patilla 5: Control de voltaje (control voltaje). El voltaje aplicado a la patilla # 5 puede variar entre un 45% y un 90 % de Vcc.

Si esta patilla no se utiliza, que ocurre en la mayoría de los casos, se recomienda ponerle un condensador de 0.01uF o 10 nF para evitar las interferencias

Patilla 6: Umbral (threshold): Es una entrada a un comparador interno que tiene el 555 y se utiliza para poner la salida (patilla 3) a nivel bajo

Patilla 7: Descarga (discharge): Utilizado para descargar con efectividad el condensador externo utilizado por el temporizador para su funcionamiento.

El circuito integrado 555 se puede conectar en circuitos **como Monoestable o como Astable**.

Veamos cada caso por separado.

555 como Monoestable

En este modo de funcionamiento la patilla de salida (3) puede encontrarse en 2 estados diferentes:

- **Estado estable**: o nivel bajo, es decir, en la patilla 3 tendremos 0V

- **Estado inestable**: o nivel alto, es decir, en la patilla 3 tendremos tensiones cercanas a la de alimentación (la de la pila).

Por ejemplo, si en el circuito tenemos una pila de 9V (voltios), nivel alto será cerca de 9V y nivel bajo será 0V.

Pero...¿cómo pasa de un estado a otro?

El circuito sólo saldrá del estado estable (0V) cuando desde la patilla de disparo (la 2) se provoque el cambio a estado inestable (V de alimentación), pero ojo, transcurrido un tiempo volverá al estado anterior.

Todo esto se puede explicar de esta forma:

Cuando la patilla 2 está en nivel alto, que es su estado normal de reposo, la salida 3 se mantiene a nivel bajo (estado normal de reposo de 3).

Si llevamos por un instante la patilla de disparo (2) a nivel bajo (0V), la patilla 3 o salida se pondrá a nivel alto (V alimentación).

Transcurrido un tiempo vuelve la salida a nivel bajo.

Para que vuelva alcanzar el nivel alto necesitamos volver activar la patilla de entrada (2), poniéndola a nivel alto, como ya vimos.

Fíjate en la curva de funcionamiento:

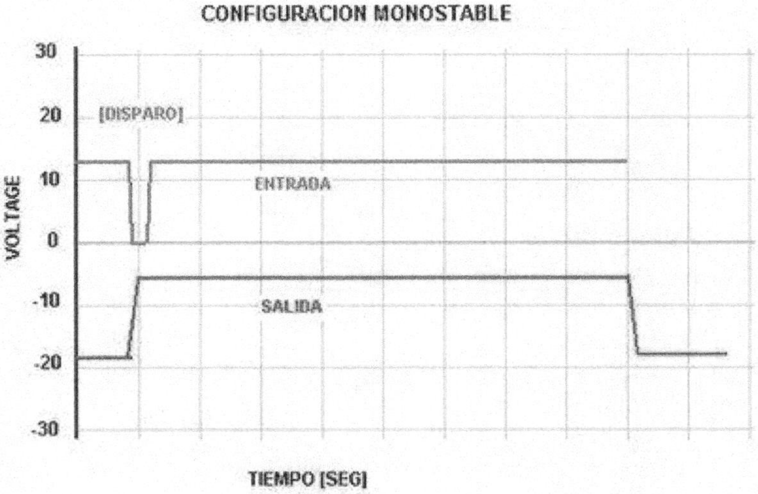

Desactivamos 2 (disparo) y se activa la 3 (salida) durante un tiempo.

Solo hace falta desactivar 2 un momento para que se activen 3 durante un tiempo.

Para activar la salida de nuevo, hace falta desactivar la entrada otra vez.

El tiempo que estará activada la salida dependerá de la resistencia y del condensador que pongamos en el circuito.

Para que nuestro circuito integrado 555 funcione como monoestable debemos conectarlo de la siguiente forma:

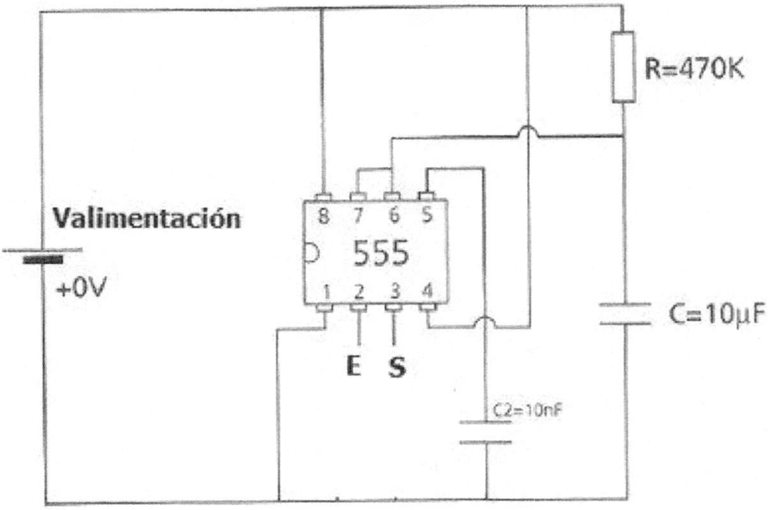

www.areatecnologia.com

En E conectaremos la entrada, normalmente un pulsador, y en S conectaremos la salida, es decir lo que queramos que se active durante un tiempo determinado, o lo que es lo mismo lo que queramos temporizar.

La tensión de alimentación dependerá de la pila.

El tiempo que estará activada la salida se calcula de la siguiente forma:

$$T = 1{,}1 \times R \times C$$

Donde R es el valor de la resistencia en ohmios, y C es la capacidad del condensador en Faradios.

El tiempo con estos datos lo obtendremos en segundos.

Veamos un ejemplo.

Aplicación Práctica del 555 Monoestable

Queremos tener encendido un led durante un tiempo cuando activemos un pulsador, y al cabo de un tiempo que el led se apague solo.

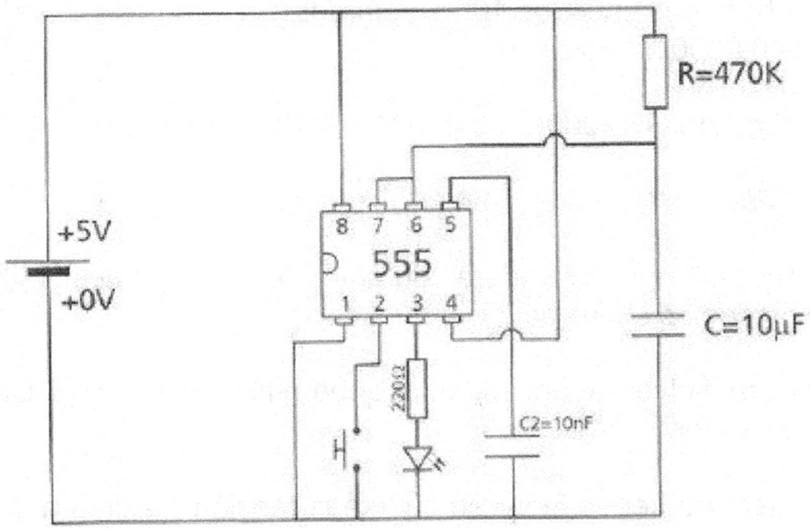

Verás que en serie con el Led hay una resistencia, es para que no se queme.

La tensión que le llegaría sería de unos 5V (la pila) y como ya debes saber, los Led funcionan a 2 voltios como máximo.

Si ponemos la resistencia en serie al led solo le llegarán 2V y los otros 3V estarán en la resistencia de 220 ohmios.

Bueno la pregunta es...

¿Cuánto tiempo estará encendido el Led cuando activemos

el pulsador?.

Pues nada, aplicamos la fórmula y listo.

Lo primero pasaremos la Resistencia que está en Kilo ohmios a ohmios= 470 x 1000 = 470.000Ω

Ahora pasamos los 10 microfaradios a faradios = 10 x 10-6 = 0,00001faradios

T = 1,1 x 470.000Ω x 0,00001 = 5,17 segundos.

¿Fácil no?.

El Led se encenderá durante 5,17 segundos cuando pulsemos el pulsador.

Para volver a encenderse deberemos volver a pulsar el pulsador.

Siempre debes tener en cuenta la tensión máxima a la que se puede conectar tu circuito integrado 555, ya que los hay de diferentes tensiones.

Timer 555 Astable

En este modo el 555 no tiene estado estable, la salida 3 va cambiando continuamente entre el nivel bajo y el alto continuamente, independientemente del estado de la entrada (2).

El tiempo que estará la salida en alto y bajo dependerá de los componentes del circuito.

Aquí tienes la curva de funcionamiento:

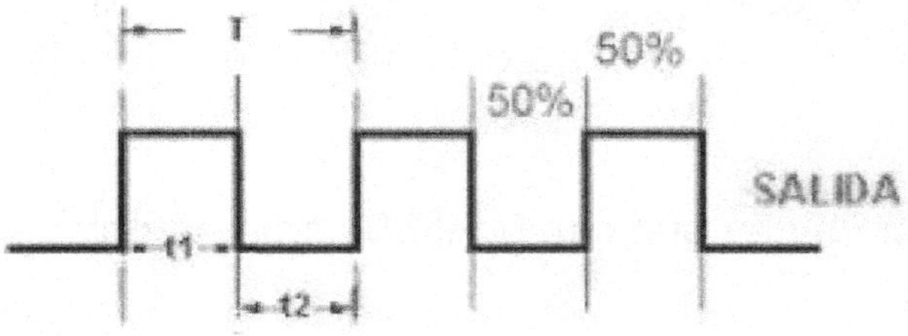

Si tuviéramos un led a la salida estaría encendiéndose y apagándose todo el tiempo.

Como ves se genera una señal oscilante.

El periodo de la curva, es el tiempo que tarda en repetirse un estado determinado, y en este caso será:

T = t1 + t2

t1 y t2 no tienen porqué ser al mismo tiempo, aunque la gráfica del ejemplo es así.

Pero cómo calculamos t1 y t2.

Pues nada, igual que antes con una fórmula.

t1 = 0,693 x (R1 + R2) x C

t2 = 0,693 x Rb x C

t1 es el tiempo que estará en estado alto la salida (encendido el led) y t2 es el tiempo que estará en estado bajo la salida (led apagado).

Pero....¿2 resistencias?.

Pues sí, en este caso el circuito es con dos resistencias, la Rb será la que nos determine el tiempo que estará la salida desactivada.

Vemos el circuito de conexión del 555 como astable:

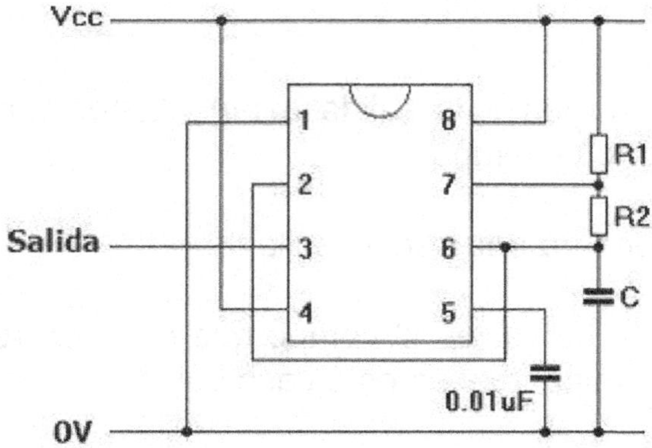

Otro dato importante con el circuito integrado 555 como astable es la frecuencia.

La frecuencia es el número de veces que se repite un periodo en cada segundo.

En nuestro caso nos interesa saber cuántas veces se repite cada segundo el encendido y apagado (frecuencia)

$f = 1/T$

Como ves es muy fácil, solo hay que dividir entre 1 el Tiempo total del periodo (estado alto y bajo).

El valor que nos da la fórmula será Hertzios o 1/segundos, o lo que es lo mismo las repeticiones por cada segundo.

Aplicación Práctica 555 Astable

Veamos un ejemplo de un montaje del 555 como monoestable poniendo a la salida un led.

Solo hay que conectar el Led a la salida, y ya tendremos nuestro circuito.

El siguiente circuito tendrá encendido el Led de forma intermitente.

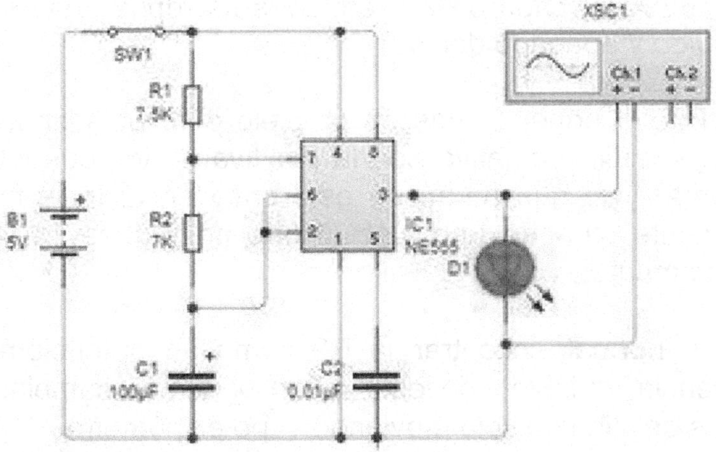

En este caso te hemos cambiado un poco el esquema para que te acostumbres a verlo de diferentes formas, pero si te das cuenta es exactamente igual.

El 555, en este caso, ponemos las patillas un poco diferentes, pero siguen siendo las mismas.

El led lo hemos conectado sin resistencia en serie, y como ves hemos conectado un oscilador para ver la onda que se generaría a la salida.

La pila serían dos pilas en serie, por lo que sería como una sola pila a la que se suman las dos tensiones.

Pero si te fijas un poco es todo exactamente igual.

Si calculas los tiempos y la frecuencia del circuito te saldrán los siguientes datos:

t1 = 1.02 segundos
t2 = 0,569 segundo

T = 1,6 segundos
F = 0, 625 Hz (cada 0,625 segundos se repite un ciclo de encendido y apagado del led)

Nota: Puedo poner 2 leds en paralelo pero polarizados al revés (la patilla negativa con la positiva de los dos leds y viceversa) y lo que harán en este caso en lucir de forma intermitente, cuando uno luce el otro no y al revés y así continuamente.

Es muy normal encontrar la R2 como un potenciómetro (resistencia variable), de este modo podemos cambiar los tiempos del circuito solo moviendo el potenciómetro.

Aplicaciones del 555

Los usos son casi ilimitados, solo depende de la imaginación, pero poner algunos ejemplo:

- **Alarma**: solo deberemos poner un zumbador a la salida en astable y tendremos una alarma sonando todo el tiempo.

- **Temporizador o Timer**: es probablemente de la forma más utilizada.

Se usa para temporizar cualquier cosa, por ejemplo el encendido de un lámpara, intermitentes de los coches, semáforo parpadeando, semáforos que cambian de color, etc.

- **Control de un servomotor**: hay muchos circuitos con el 555 para controlar los pulsos para el control de un servomotor (sigue el enlace si quieres saber qué es un servomotor)

- **Multivibrador**: Un multivibrador es un circuito generador de pulsos que produce una salida de onda rectangular, se clasifican en: astables, biestables o monoestables.

Cómo ves, el 555 es un multivibrador.

- **Detectores**: Si colocamos las resistencias o resistencia (depende el caso), en lugar de fijas, que dependan de algo, por ejemplo una NTC que su valor depende de la temperatura, a más temperatura menos resistencia, podríamos construir un detector de calor.

Si hace mucho calor, la resistencia es muy pequeña y por lo tanto el led parpadea muy rápido avisándonos de que hay mucho calor.

Cuando disminuye la temperatura la resistencia de la NTC será mayor y el tiempo de encendido y apagado del led será menor.

Y si colocamos una LDR (resistencia que depende de la luz). Pues tendríamos un detector de luz o oscuridad.

- **Generador de frecuencias de sonido**: si la resistencia es un potenciómetro y la salida es un altavoz, al variar la resistencia del potenciómetro, el altavoz sonará de diferente forma, generando sonidos diferentes.

- **Contadores**: Pues bien nos puede servir para contar, si a la señal de salida le ponemos un circuito que cada vez que le llegue una señal, aumente el número.

¿Se te ocurre alguna más? Seguro que sí.

A pesar de que el 555 tiene muchos años sigue siendo uno de los componentes más usados por los electrónicos, debido a su versatilidad y a su bajo precio.

EL OSCILADOR

Un oscilador es un circuito electrónico que genera a su salida una señal (corriente o tensión) oscilante repetitiva, es decir que varía de un valor a otro cada cierto tiempo, como por ejemplo, lo hace una señal de corriente alterna de una onda senoidal.

Se llama oscilador porque la corriente eléctrica (o tensión) de salida generada es una corriente que oscila entre diferentes valores.

Un oscilador típico sería un circuito electrónico (circuito oscilador) **capaz de generar una señal de corriente alterna (ca) a su salida a partir de una corriente continua (cc) de entrada**.

Básicamente convierten el flujo de corriente unidireccional de una fuente de CC en una forma de onda alterna que es de la frecuencia deseada, según lo decidido por los componentes del circuito oscilador.

Las características de las señales alternas generadas, como la frecuencia, la tensión, etc. dependen del circuito oscilador que las genere (de los componentes del circuito).

El principio de funcionamiento de los osciladores se basa en la realimentación positiva, la cual consiste en tomar parte de la señal de salida y sumarla a la señal de entrada (realimentación).

El amplificador suministra la energía necesaria al oscilador y el circuito de realimentación mantiene la oscilación.

Podemos imaginar un oscilador como un circuito amplificador, por ejemplo un transistor, que se suministra a sí mismo la señal de entrada (señal a la base del transistor).

Los componentes de la red de realimentación son del tipo reactivo, esto es, se encuentra formada por la asociación de bobinas (L) y/o condensadores (C) que, como es sabido, dichos componentes presentan pérdidas.

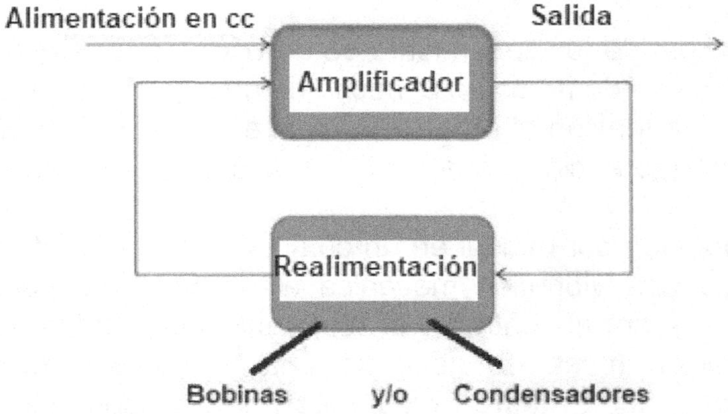

Ejemplos comunes de señales generadas por osciladores incluyen señales transmitidas por transmisores de radio y televisión, señales de reloj que regulan computadoras y relojes de cuarzo, y los sonidos producidos por beepers electrónicos y videojuegos.

En el caso de los osciladores RC (Resistor-Capacitor) o RLC (Resistor-Inductor-Capacitor), no son una buena opción cuando se necesitan oscilaciones estables y precisas.

Los cambios de temperatura afectan la carga y la línea de suministro de energía, lo que a su vez afecta la estabilidad del circuito oscilador.

La estabilidad se puede mejorar hasta cierto nivel en el caso de los circuitos RC y circuitos RLC, pero aún así la mejora no es suficiente en casos específicos.

Cuando queramos un oscilador estable y preciso utilizaremos los osciladores de cristal de cuarzo.

El principio de funcionamiento de un oscilador de cristal de cuarzo se fundamenta en el hecho de que, al aplicar a dicho cristal una tensión alterna se producirá una vibración en él, que será proporcional a la tensión aplicada.

La propiedad por la cual en un componente de este tipo se produce una vibración mecánica al aplicarle una tensión eléctrica y, por el contrario, al someterlo a una deformación o vibración mecánica generará una tensión eléctrica se conoce como **efecto piezoeléctrico**, y son algunos materiales tales como el cuarzo y algunos materiales cerámicos los que presentan esta propiedad.

A medida que convierte la energía eléctrica en mecánica y mecánica en eléctrica, se denomina **Transductores**.

Estos cambios producen una vibración muy estable, y como efecto piezoeléctrico produce oscilaciones estables.

Un cristal que vibra mecánicamente puede estar representado por un circuito eléctrico equivalente que consiste en una resistencia R de pequeño valor, una gran inductancia L y una pequeña capacitancia C.

A continuación podemos observar el circuito eléctrico equivalente de un cristal de cuarzo:

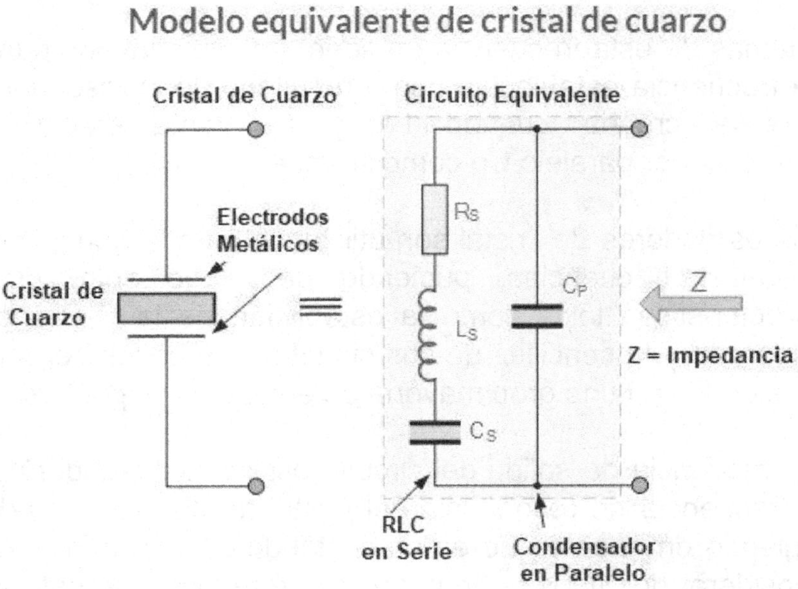

Dependiendo de las características constructivas del cristal de cuarzo, variarán los correspondientes valores de L, R, C1 y C2.

El circuito eléctrico equivalente para el cristal de cuarzo es un circuito RLC en serie, que representa las vibraciones mecánicas del cristal, en paralelo con una capacitancia, Cp, que representa las conexiones eléctricas al cristal.

Los osciladores de cristal de cuarzo tienden a operar hacia su "resonancia en serie".

La impedancia equivalente del cristal tiene una resonancia en serie donde Cs resuena con inductancia, Ls en la frecuencia de funcionamiento de los cristales.

Esta frecuencia se llama la frecuencia de la serie de cristales, fs.

Además de esta frecuencia en serie, hay un segundo punto de frecuencia establecido como resultado de la resonancia paralela creada cuando Ls y Cs resuena con el condensador paralelo Cp como se muestra.

Los osciladores de cristal son utilizados para la generación de altas frecuencias, pudiendo decir que entre otras características tales como la estabilidad de la frecuencia generada y la sencillez de sus circuitos, los hacen ser muy adecuados en una gran mayoría de equipos y dispositivos.

La frecuencia de salida del circuito oscilador dependerá de la frecuencia de resonancia del cristal de cuarzo utilizado, teniendo en cuenta que en un cristal de cuarzo, habrá que considerar dos tipos de frecuencias de resonancia, esto es, la frecuencia de resonancia serie y la frecuencia de resonancia paralelo, encontrándose ambas frecuencias muy próximas entre sí.

En la práctica se pueden construir circuitos cuya frecuencia de salida sea un submúltiplo de la frecuencia de resonancia del cristal de cuarzo, esto es por ejemplo, teniendo un cristal de cuarzo cuya frecuencia de resonancia sea de 5MHz, la frecuencia de salida del circuito oscilador donde se encuentre dicho cristal podrá ser un múltiplo superior a 5MHz, a esto se le suele denominar sobretono.

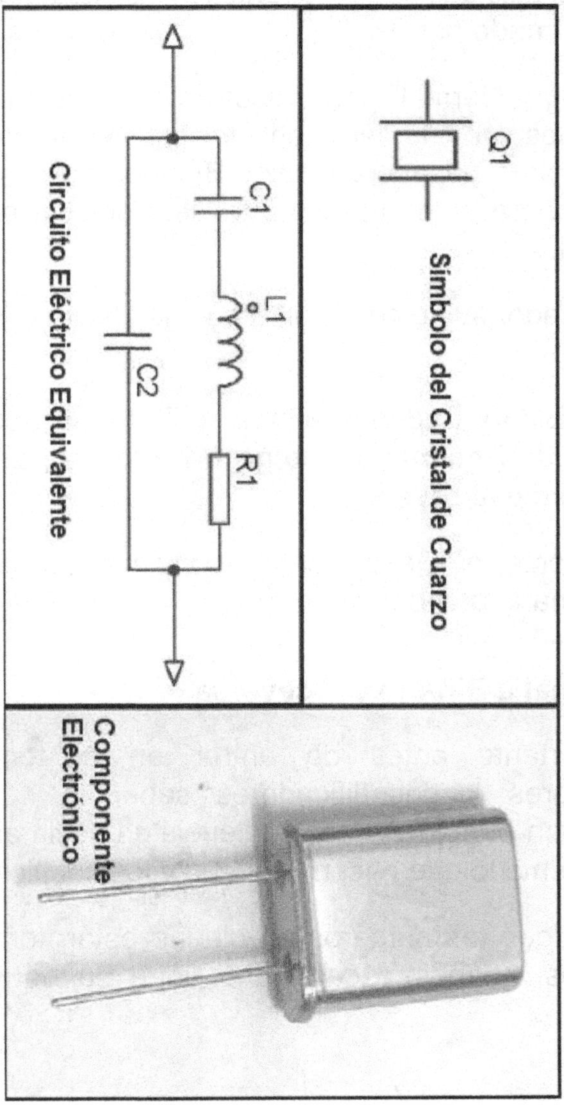

CODIFICADORES Y DECODIFICADORES

Son componentes electrónicos (circuitos lógicos) que **te permiten pasar de un código a otro**.

El codificador normalmente se llama así porque codifica de un código a otro y el decodificador se llama así porque lo que hace es lo contrario, descodificar un código.

El código utilizado en electrónica es el código o sistema binario formado por 0 y 1.

Si el código "Normal" para nosotros es el Decimal de 0 a 9, si tenemos un número en decimal lo tendremos que Codificar para pasarlo a Código Binario, y si lo tenemos en Binario, ahora lo tendremos que DesCodificar para pasarlo a decimal.

El Codificador suele codificar el código Decimal y convertirlo en Binario.

BCD = Binary-Coded Decimal o Decimal Codificado en Binario = de **Decimal a Código Binario, ya sabes que en inglés se lee al revés**.

Normalmente el Decodificador convierte (descodifica) un código binario a uno decimal.

De Decimal a Binario y Viceversa

Es importante antes de entrar en el tema de los codificadores y decodificadores saber lo que son los números en binario y su equivalencia en decimal, ya que es precisamente lo que hacen los deco y los codificadores.

Recordar que los números en binario están formados solo por Ceros y Unos y cada uno tiene su equivalente en decimal.

Veamos los 10 primeros:

El 0 en decimal sería el 0 en binario

El 1 en decimal sería el 1 en binario

El 2 en decimal sería el 10 en binario (recuerda solo combinaciones de 1 y 0)

El 3 en decimal sería el 11 en binario

El 4 en decimal sería el 100 en binario... Mejor mira la siguiente tabla:

Decimal	Binario
0	0000
1	0001
2	0010
3	0011
4	0100
5	0101
6	0110
7	0111
8	1000
9	1001
10	1010
11	1011
12	1100
13	1101
14	1110
15	1111

A un codificador le metes a la entrada el número decimal 4 y obtendrás a la salida el número binario 0100, es decir, la salida segunda estará activa (valor 1) y el resto valor 0, desactivadas.

En un decodificador le metes a la entrada el número binario 0011 y obtendrás a la salida el valor 3, o lo que es lo mismo la salida con el número 3 estará activa (valor 1) y las demás desactivas (valor o)

Veamos todo esto mucho mejor

<u>El Decodificador</u>

Vamos a empezar por un decodificador de 2 a 4 (o 2 x 4), es decir con 2 entradas y 4 salidas.

Vamos a convertir un número binario de 2 cifras (2 entradas) en un número decimal hasta llegar al 4 (4 salidas)

Las salidas serán los números decimales S0 = 0, la S1 = 1, la S2 = 2 y la S3 = 3

Cuando esté activada la salida S0 (S0 = 0) significa que obtenemos el número 0 en decimal.

Cuando esté activada la salida S2 (S1 = 1) significa que obtenemos el número 1 en decimal.

Cuando esté activada la salida S2 (S2 = 2) significa que obtenemos el número 2 en decimal.

Y así sucesivamente

En las entradas tendremos A1 y A0 que representarán los números binarios.

Si A0 y A1 valen 0 quiere decir que es el número binario 00 y su equivalente en decimal será el 0, luego se tendrá que activar la salida S0, es decir S0 = 1, el resto tomarán valor 0.

Si A1 = 0 y A0 = 1 quiere decir que es el número binario 01 y su equivalente en decimal será el 1, luego se tendrá que activar la salida S1, es decir S1 = 1, el resto tomarán valor 0.

Fíjate en el ejemplo 1 de la imagen de más abajo.

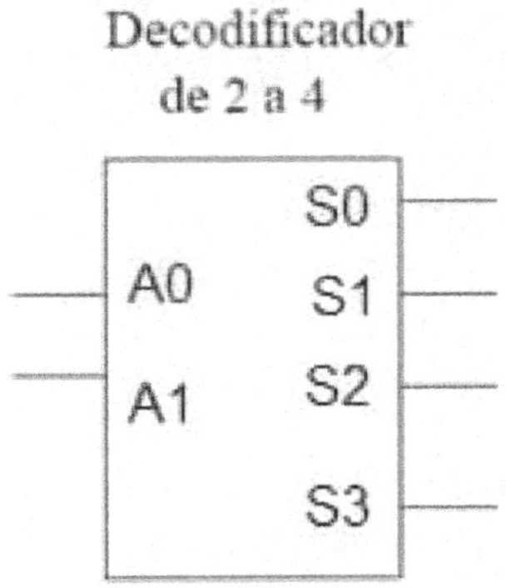

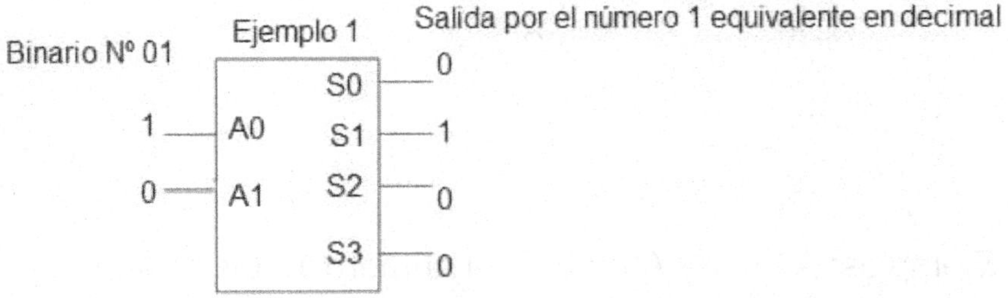

OJO el número binario se empieza a escribir por la entrada A1, No por la A0, cuidado con eso, siempre se empieza por el número más alto.

Si hubiera A5 se escribiría el número empezando por el A5, luego el A4, luego el A3....

Por ejemplo, si quisiéramos poner en las entradas el número binario 10, deberíamos poner una señal 1 (activada) en A1 y un 0 en A0 (ver ejemplo 2 de la imagen siguiente).

Ejemplo 2

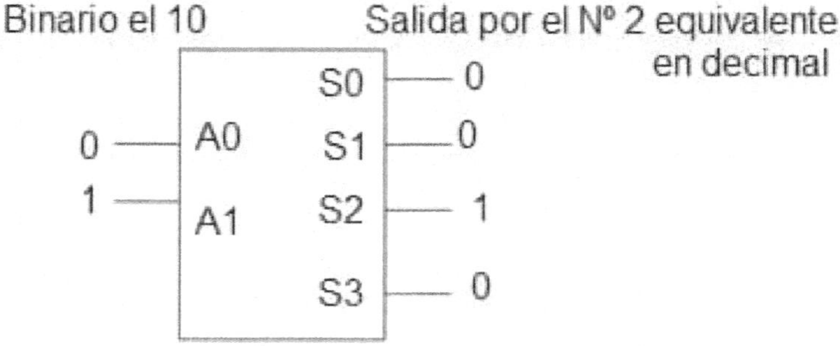

Ejemplo 3

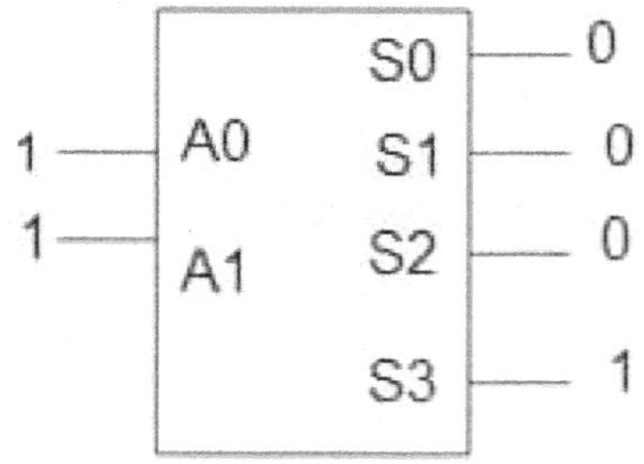

Ejemplos: A1 = 1 y A0 = 0 es el número 10 en binario

OJO siempre se empieza por el A1

Su equivalente en decimal sería el número 2,por lo que la salida 2 será la que se activa con 1.

¿Cómo funciona el DeCodificador?

Veamos el ejemplo 3.

Si A1 está activado (valor 1) y A0 también (valor 1) quiere decir que estamos introduciendo en el decodificador el número binario 11.

Lo que hace el decodificador es traducirlo a decimal.

¿Qué número equivalente sería en decimal?

Lógicamente el 3, pues el decodificador activará la salida 3 (S3 = 1) y el resto tendrán valor 0.

Fíjate que lo que hizo fue descodificar el número binario 11 a decimal.

Un decodificador posee N líneas de entrada para gestionar N bits (Ceros y Unos) y siempre debe tener 2 elevado a N líneas de salida.

Por ejemplo si tiene 2 entradas debe tener 2 elevado a 2 = 4 salidas, pero si tiene 2 entradas tendrá 2 elevado a 3 = 8 salidas.

El número en binario se escribe empezando por el A1 (que es más significativo)

Los decodificadores tienen su propia tabla de la verdad que representa los estados posibles de entrada y los respectivos valores de las salidas para cada uno de esos estados.

De esta tabla de la verdad podemos sacar el circuito lógico combinacional con puertas lógicas, circuito lógico para construir nuestro decodificador.

Veamos un ejemplo concreto:

DECODIFICADOR DE 2 A 4 O 2X4

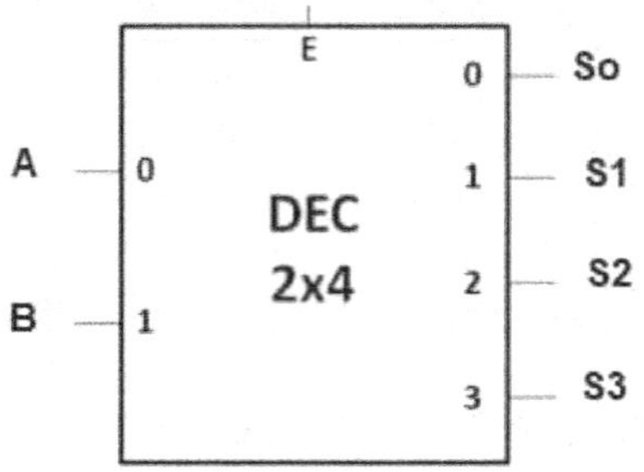

TABLA DE LA VERDAD QUE REPRESENTA UN DECODIFICADOR 2 A 4

A	B	Out 3 S3	Out 2 S2	Out 1 S1	Out 0 S0
0	0	0	0	0	1
0	1	0	0	1	0
1	0	0	1	0	0
1	1	1	0	0	0

CIRCUITO LÓGICO DEL CODIFICADOR DE 2 A 4 ANTERIOR

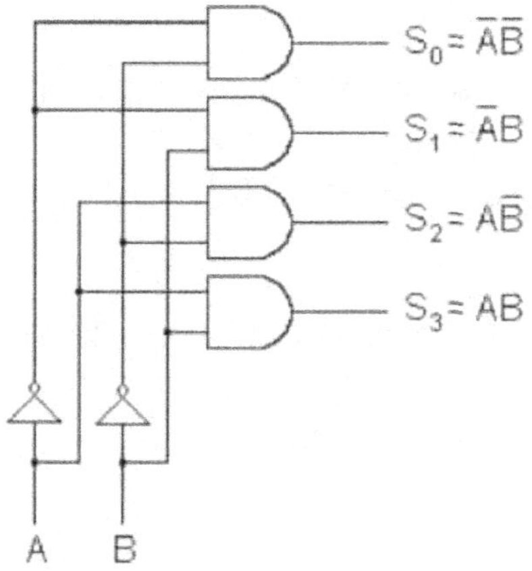

Lo que hacemos es construir la tabla de la verdad de lo que queremos que decodifique y luego aplicarlo con puertas lógicas sacando su circuito lógico, por ejemplo mediante la simplificación de Karnaugh.

El nombre de las entradas y salidas puede ser muy diferente, pero en definitiva todos hacen lo mismo.

Nota: en este libro no hablamos de la construcción de la tabla de la verdad y de la simplificación por Karnaugh porque se haría muy extenso, pero puedes aprender sobre esto en la web www.areatecnologia.com.

El Codificador o Encoder

Suele codificar el código decimal a código binario, por lo que tiene muchas entradas y pocas salidas.

Podríamos decir que la diferencia entre un codificador y un decodificador es:

- Decodificador: Pocas entradas (binario y muchas salidas (decimal)

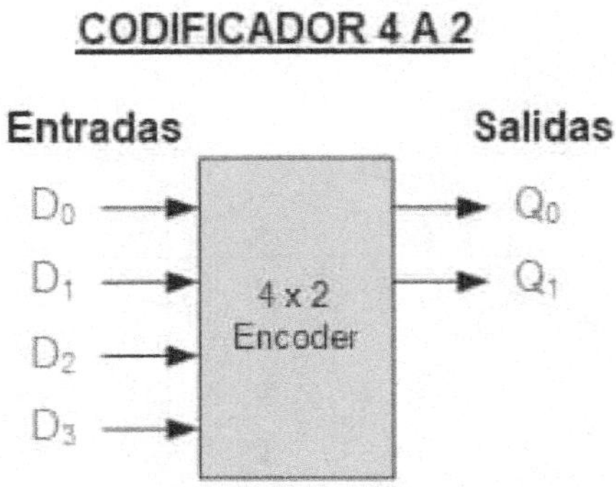

- Codificador: Muchas entradas (decimal) y pocas salidas (binario). Aquí tienes al de 4 a 2 o 4 x 2:

Tabla de la Verdad

D_3	D_2	D_1	D_0	Q_1	Q_0
0	0	0	1	0	0
0	0	1	0	0	1
0	1	0	0	1	0
1	0	0	0	1	1
0	0	0	0	x	x

CODIFICADOR DE 8 A 3 DE PRIORIDAD

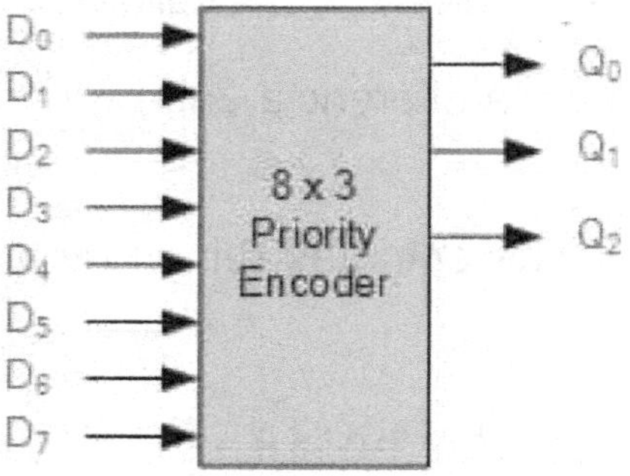

Inputs								Outputs		
D_7	D_6	D_5	D_4	D_3	D_2	D_1	D_0	Q_2	Q_1	Q_0
0	0	0	0	0	0	0	1	0	0	0
0	0	0	0	0	0	1	x	0	0	1
0	0	0	0	0	1	x	x	0	1	0
0	0	0	0	1	x	x	x	0	1	1
0	0	0	1	x	x	x	x	1	0	0
0	0	1	x	x	x	x	x	1	0	1
0	1	x	x	x	x	x	x	1	1	0
1	x	x	x	x	x	x	x	1	1	1

Puedes observar que en lugar de un 1 o un 0 hay en algunos sitios una X.

¿Qué significa la X?

Que la X puede tomar cualquier valor, que el resultado de la salida dará lo mismo tenga un 0 o un 1.

Por ejemplo la X de la segunda línea en D0 significa que da igual que estés pulsando el D0, que si pulsas el D1 el codificador siempre te dará salida 001.

Las dos XX de la tercera fila significa que si está pulsado (1) la D2 aunque pulses también la D1 y D2 el codificador dará como salida el número binario 010.++

Podríamos encontrar tablas de la verdad con H, L y X

En definitiva H es lo mismo que 1 y L lo mismo que 0.

H = nivel lógico alto (high)

L = NIvel lógico bajo (low)

La Patilla Enable es una patilla que tienen los deco y codificadores la cual es necesario que reciba una señal de activación, que se ponga en valor 1, para que las salidas se puedan activar.

Es algo así como una patillas de activación del codi o decodificador.

Si la patilla Enable está en 0 las salidas están desactivadas (todas valor 0), si tiene el valor 1 las salidas si se activan y tendrán un valor que dependerá de los valores de las entradas, como ya vimos.

Un chip puede tener más de una patilla enable, el funcionamiento es el mismo, la única diferencia es que deberán estar las 2 patillas enable activadas para que las salidas se activen.

MULTIPLEXOR

El multiplexor, abreviado como "MUX" es parecido a los conmutadores o switch en inglés.

Son componentes electrónicos que tienen varias entradas y una única salida.

Nos permiten seleccionar cuál de todas las entradas debe aparecer en la salida única (su valor).

Cada entrada se llaman **chanel** (canal) o incluso input y se enumeran empezando por el chanel 0, chanel 1, chanel 2, etc.

Dependiendo del fabricante también las verás que las llaman I0, I1...o como E0, E1 o de otra forma diferente.

Lo importante es que entiendas que "esas" son las entradas.

En el caso del demultiplexor (DEMUX) es al revés, tienen una única entrada y podemos elegir la salida por donde queremos que salga el valor de la entrada única.

Fíjate en los esquemas de la página siguiente.:

Para seleccionar el chanel o entrada que aparecerá en la salida suele hacerse por medio de un código en las llamadas entradas de selección.

El código en binario que pongamos en las entradas de

selección determinará qué entrada tomará la salida.

En el caso del demultiplexor las entradas de selección servirán para meter la información (código) donde se especifica la salida por la que debe salir el valor de la entrada.

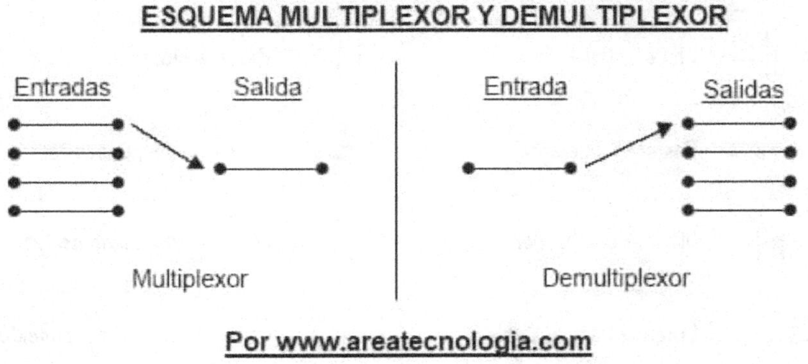

Los codificadores, descodificadores y multiplexores son componentes que casi con ellos solos podríamos escribir un libro.

Aquí solo te mostramos una pincelada para que los entiendas y si quieres profundizar más en el tema tienes mucha información por internet, incluido en mi web areatecnologia.

SIMBOLOGÍA ELECTRÓNICA

+	Polaridad positiva	—	Polaridad negativa
	Corriente continua, CC	∼	Corriente alterna, CA
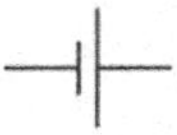	Pila eléctrica		Batería eléctrica
	Resistencia eléctrica		Condensador, Capacitor
	Diodo, Rectificador		LED, Diodo emisor de luz
	Línea eléctrica, Cable		Cruce de líneas sin conexión
	Interruptor abierto		Interruptor cerrado
	Conmutador, SDPT	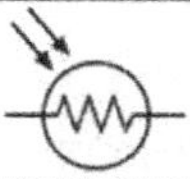	Fotoresistor
	Fusible	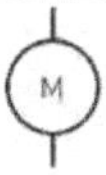	Motor eléctrico
	Amperímetro		Voltímetro
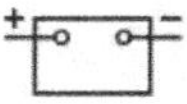	Representación de batería		Bombilla incandescente

Espero que el objetivo marcado al principio del libro esté cumplido.

A partir de ahora ya dispones de los conocimientos básicos necesarios que te permitirán aprender mucho más por tu cuenta.

En Internet hay mucha información a la que puedes acceder de forma gratuita para ampliar contenidos.

Estoy seguro que este primer impulso te servirá para que a partir de ahora le pierdas el miedo a la electrónica.

Toda la electrónica aquí explicada es electrónica analógica, en breve publicaremos un manual similar a éste de electrónica digital, y al final tienes una lista de otros libros publicados por mi, por si te interesa alguno más.

Si quieres, nos vemos en la página https://www.areatecnologia.com

en nuestro facebook

https://www.facebook.com/pages/Tecnologia/375925109166972

o en nuestro twitter

https://twitter.com/TecnologiaArea , donde podrás dejar tus comentarios y aprender más sobre Tecnología.

Un saludo a todos y gracias de nuevo por comprar nuestro libro para poder seguir trabajando.

Otros Libros del Autor:

- Electrónica Digital: Aprenderás todo lo necesario para comprender y trabajar con la electrónica digital.

- Circuitos Eléctricos: Un libro sencillo y fácil de aprender con todos los conocimientos básicos de electricidad y los cálculos en circuitos eléctricos de corriente contínua y alterna.

- Máquinas Eléctricas: Todas las máquinas eléctricas, los motores, los generadores y los transformadores.

- Fundamentos de Programación: Aprende a programar de forma fácil.

- 101 Problemas de Lógica: Juegos para agilizar la mente.

- Estilo Compadre: Su primera novela. Una novela policial y romántica, donde el pasado vuelve para traer inesperadas consecuencias.

- Instalaciones Fotovoltaicas: Componentes, Cálculo y Diseño de Instalaciones Solares fotovoltaicas. Aprende de forma fácil todos los tipos de instalacione

Todos los puedes comprar en la página web del autor en Amazon.

Made in United States
Orlando, FL
19 September 2026

87935302R00118